大众科普系列丛书

居家生活
知识手册

裴 华 主编

贵州科技出版社

图书在版编目（CIP）数据

居家生活知识手册 / 裴华主编. —— 贵阳：贵州科技出版社，2022.4（2025.4重印）

（大众科普系列丛书）

ISBN 978-7-5532-1032-2

Ⅰ.①居… Ⅱ.①裴… Ⅲ.①家庭生活 – 手册 Ⅳ.①TS976.3-62

中国版本图书馆CIP数据核字(2021)第256233号

大众科普系列丛书：居家生活知识手册
DAZHONG KEPU XILIE CONGSHU：JUJIA SHENGHUO ZHISHI SHOUCE

出版发行	贵州科技出版社
地　　址	贵阳市中天会展城会展东路A座（邮政编码：550081）
出 版 人	朱文迅
经　　销	全国各地新华书店
印　　刷	三河市兴国印务有限公司
版　　次	2022年4月第1版
印　　次	2025年4月第3次
字　　数	90千字
印　　张	3.75
开　　本	889mm×1194mm 1/32
书　　号	ISBN 978-7-5532-1032-2
定　　价	35.00元

《大众科普系列丛书：居家生活知识手册》

编 委 会

主　编：裴　华

编　委：（按姓氏笔画为序）

王云驰　王建威　仇笑文　邓　婕

田仁碧　冯　倩　刘士勋　孙　玉

苏晓廷　李　惠　李建军　吴　晋

宋　伟　张　波　陈　璐　陈一菘

赵卓君　赵梅红　徐帮学　蒋红涛

裴　华　翟文慧

前言
FOREWORD

现代社会，各种意外伤害及自然灾害时有发生，不断影响和威胁着人们的正常生活。一些人因自我保护意识不强、防范能力较差，往往成为各种直接或间接伤害的受害者。惨痛的悲剧让我们深刻意识到：对大众进行系统的安全知识教育是十分有必要的。要让大众树立自护、自救观念，形成自护、自救意识，培养自护、自救能力，在遇到各种异常事故和危险时能够果断、正确地进行自护和自救。

为了更好地帮助人们有效应对各种不安全因素，向人们普及有关急救自救、交通出行、消防火灾、居家生活、野外出行、健康饮食、自然灾害、网络信息、校园生活等方面的安全知识，学习出现安全事故时的应急、自救方法等，我们经过精心策划，组织相关专业人员编写了这套丛书。

本丛书向人们提供了系统的安全避险、防灾减灾知识，并精选了近些年发生的安全事故及自然灾害事例，内容翔实，趣味性、实用性、可操作性强，可帮助人们在危险及灾害来临时从容自救和互救。本丛书旨在告诉人们，只要充分认识各种危险，了解各种灾害的特点、形成原因及主要危害，学习一些危险及灾害应急预防措施，就能够在危险及灾害来临时从容应对，成功逃生和避险。另外，本丛书可以帮助大家提升科学素养，弘扬科学精神,营造讲科学、爱科学、学科学的良好氛围,切实提高科学知识普及率,使科学知识真正惠及千家万户。

我们衷心希望这套丛书成为保障大家安全的实用指南,为大家拥有平安快乐的生活、美好幸福的未来保驾护航!

由于丛书编写时间仓促,加上编者水平有限,书中难免存在疏漏及不当之处,欢迎读者朋友提出宝贵意见。

编委会
2021年12月

目录
CONTENTS

第一章 居家生活卫生安全知识 / 1

- 一、什么才是健康的饮水方式 ················· 1
- 二、这样洗澡、洗头才健康 ··················· 4
- 三、正确使用家庭清洁用品 ··················· 8
- 四、为什么不能和"红眼病"患者共用毛巾 ······· 10
- 五、远离劣质奶制品 ························· 12

第二章 居家用电安全 / 15

- 一、安全用电有哪些小常识 ··················· 15
- 二、如何营造安全的家电环境 ················· 18
- 三、识别并牢记安全用电标志 ················· 19
- 四、遇到停电应该怎么办 ····················· 21
- 五、雷雨天气使用电器安全吗 ················· 24
- 六、人触电后有哪些症状 ····················· 27
- 七、如何抢救触电的人 ······················· 29

第三章　居家防火救火知识 / 33

▶ 一、日常生活中怎样消除火灾隐患 …………… 33
▶ 二、火灾烟气中含有哪些有毒气体 …………… 36
▶ 三、家庭常用的灭火器有哪几种 ……………… 39
▶ 四、怎样预防气体燃料起火 …………………… 42
▶ 五、怎样正确使用空调才能避免引发火灾 …… 44
▶ 六、洗衣机也暗藏火灾隐患吗 ………………… 48
▶ 七、火灾发生后如何正确报警 ………………… 49
▶ 八、高层楼房着火怎样逃生 …………………… 51
▶ 九、火灾逃生有哪些误区 ……………………… 54

第四章　宠物伤害救治技巧 / 59

▶ 一、怎样防止家养宠物影响他人 ……………… 59
▶ 二、和宠物"走得太近"有什么危险 ………… 62
▶ 三、家中养猫有哪些隐患 ……………………… 63
▶ 四、宠物鼠有哪些致病风险 …………………… 66
▶ 五、养鸟需要注意什么 ………………………… 68
▶ 六、被宠物咬伤后如何处理伤口 ……………… 71

第五章　家庭防盗抢、防诈骗妙招 / 74

▶ 一、家庭防盗有哪些注意事项 ………………… 74
▶ 二、发现家中有贼怎么办 ……………………… 75

▶ 三、家庭遭遇盗贼时应该怎样正确报警 ………… 77
▶ 四、如何面对手机短信诈骗 ……………………… 79
▶ 五、网络购物的骗局怎样识破 …………………… 81

第六章　家庭意外事故自救技巧/ 84

▶ 一、异物入鼻、耳应该怎么办 …………………… 84
▶ 二、吃东西噎住怎么办 …………………………… 86
▶ 三、鱼刺卡喉咙怎么办 …………………………… 88
▶ 四、煤气中毒后如何急救 ………………………… 90
▶ 五、怎样应对开水烫伤 …………………………… 94
▶ 六、怎样应对烧伤 ………………………………… 96
▶ 七、怎样应对食物中毒 …………………………… 98
▶ 八、怎样应对毒蛇咬伤 …………………………… 101
▶ 九、怎样正确处理各类伤口 ……………………… 104
▶ 十、怎样处理休克 ………………………………… 107
▶ 十一、怎样处理昏厥 ……………………………… 109
▶ 十二、怎样应对中暑 ……………………………… 110

第一章 居家生活卫生安全知识

一、什么才是健康的饮水方式

大家对饭菜的重视还是远远高于饮水的，但是科学饮水对我们来说也很重要。水是人类每天必不可少的物质。有实验证明，一个人只喝水不吃饭仍能存活十几天，但如果几天不喝水，人就无法生存，可见水对人体健康十分重要。健康成年人每天约需2500 mL水，因此要保持健康就必须每天摄入充足的水分。

每天要保证合理的水摄入量

通过研究发现，对人体最有益的饮料就是白开水。白开水不含热量，不用消化就能被人体直接吸收利用，在它进入人体之后就可以进行新陈代谢，调节体温，输送养分。因此，那些经常喝白开水的人，体内脱氧酶活性高，肌肉内乳酸堆积少。

当然，在平常喝水的时候应当遵循一定的规律，其中最重要的是饮水时间。通常来说，饮水的最佳时间有四个。

第一个是早晨刚起床，此时血液正处于缺水状态。

第二个是上午8点至10点之间，可补充工作时间流汗失去的水分。

第三个是下午3点左右，正是喝茶的好时间。

第四个是睡前，睡觉时血液的浓度会增高，睡前适量饮水会冲淡血液，扩张血管，对身体有好处。

除了注意饮水时间之外，还应当注意以下几个方面：

① 喝水要适量

在清晨起床后适量喝水有疏通胃肠之功效，并能降低血

饮水不要过量

液浓度，起到预防血栓形成的作用。如果青少年比较热爱运动，在进行剧烈运动之后不要暴饮凉开水或其他饮料，这会加重胃肠负担，使胃液稀释，不仅会妨碍食物消化，而且还会降低胃液的杀菌作用。

② 喝水要有节制

在夏季，天气比较炎热，气温很高，人们容易出汗，也容易口渴。这个时候喝水要控制量，千万不能一次喝大量水。即使口渴得非常厉害，也不能一次喝太多。因为喝进的水被吸收进入血液后，血容量会增加，大量的水进入血液循环就会加重心脏负担。因此，饮水应做到少量多次。

③ 喝水速度要有度

喝水速度也一定要注意，喝水速度过快会使血容量增加过快，导致心脏负担过重，引起体内钾、钠等电解质发生一时性紊乱，甚至造成更严重的后果。因此，在运动之后应慢慢地喝温开水。另外，进餐后消化液正在消化食物，如果喝水过多、过快会导致胃消化功能下降。

④ 喝水硬度适宜的水

水硬度是指水中钙盐和镁盐的含量，如果水中钙盐、镁盐含量多，说明水硬度大，反之则水硬度小。人的胃肠道消化功能与水硬度也有很大关系，如果水硬度过大，可能引起胃肠道功能紊乱、消化不良和腹泻。在我国，按照规定，饮用水的总硬度不得超过25度。建议一般饮用水的适宜硬度为10～20

度。煮沸是处理硬水最好的办法。

5. 不喝被污染的生水

人类的很多传染病都与水源污染有关,如伤寒、霍乱、痢疾、传染性肝炎等。除此之外,污染的水还可以引起寄生虫病和地方性疾病等。所以,在饮水的时候一定要注意卫生,千万不要喝生水,更不能喝脏水。

未经处理的河水不能直接饮用

二、这样洗澡、洗头才健康

对于个人卫生来说,洗澡是必需的,而且洗澡可以促进身体健康。但这里需要特别提醒的是,洗澡次数过多及不正确的洗澡方式是导致皮肤瘙痒的主要原因。所以,如果能够掌握正确的洗澡方法，就可以远离瘙痒。有的人认为一周只能洗一两次澡。但是科学实验证明，只要洗澡方法正确，天天洗都可以。

人的皮肤表面有一层薄薄的皮脂膜，它是由分泌的油脂、汗液和皮肤细胞碎屑构成的，可以很好地保护皮肤，并让皮肤看上去有光泽。在冬季，如果出现皮肤干燥、缺水、瘙痒的问题，说明皮脂膜受到了破坏。采用正确的洗澡方法，可以在保证皮肤清洁的同时不使皮脂膜遭到破坏。

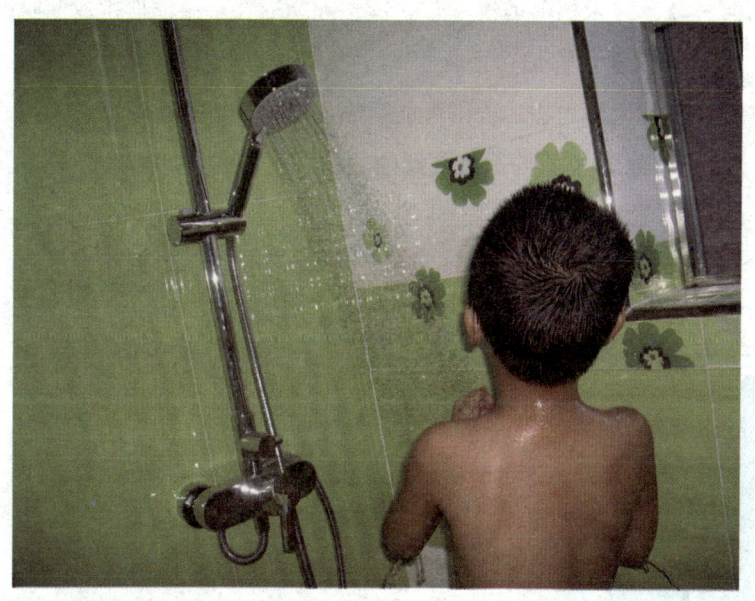

淋浴

1. 正确的洗澡方法

（1）调好水温最关键。

如果是淋浴，一定要调好水温，水太凉可能引起感冒；洗澡水也不能过热，否则可能导致皮肤变得更加干燥。如果是

池浴，放洗澡水时，一定要先放冷水，再慢慢地放热水，在这个过程中要不断地用手试水温，以免洗浴时被烫伤。

通常来说，水温应保持在40 ℃左右，比体温高一点，但是人体并不会感觉到烫。如果水温过烫，可能会破坏皮脂膜，造成皮肤微小的损伤，加重瘙痒。

（2）洗澡时间要正确。

如果是天天洗澡，时间不宜过长，最长不超过半个小时。盆浴或木桶浴值得推荐，这是因为泡在水里能促进皮肤吸收水分，并且能加快血液循环，改善皮肤代谢。在洗澡的时候，不能太用力搓，否则可能造成皮肤损伤，加重瘙痒。

（3）沐浴露的选择要到位。

尽量选中性或弱酸性的沐浴露，不要用碱性的香皂、肥皂。判断酸碱性，看商品说明书就可以。在冬天洗澡的时候，皮肤如果不是特别脏，可以不使用沐浴露。

（4）涂抹乳液时机要掌握好。

浴后一定要在皮肤没干透的情况下涂抹乳液，除了腋下、腹股沟，全身都要抹。小腿、腰、臀和前臂皮脂腺最少，最容易发生瘙痒，要多抹或反复抹。因为浴后乳液保湿作用持续时间比较短，平时也要记得涂抹。

② 正确的洗头方式

对于个人卫生来说，除了洗澡之外，洗头也很重要。洗头应当注意以下问题。

（1）预备洗。

预备洗的方法就是用大量的水冲洗头发。这样可以洗掉头发上的许多灰尘、头皮屑等。另外,预备洗能降低正式洗时对头发及头皮的损伤,减少洗发用品的使用量。

(2)正式洗。

正式洗时就要用洗发用品清洁,如何抹洗发水是非常有学问的。有的人把洗发水直接往头顶一抹就洗起来了,这样容易造成头顶部位的洗发水浓度过高,不容易洗净,如果洗发水停留时间过长的话,还会对头皮有损害,甚至有可能造成头顶部位的头发稀疏。抹洗发水的正确方法是先将洗发水倒在手上,再滴一些水在上面,轻轻搓揉,待洗发水发泡后,均匀地涂抹在头发上。洗头时不要用指甲抓头皮,应该用指腹按摩头皮,这样可以避免伤害头皮。在感觉洗干净之后,再用大量的清水将洗发水完全冲洗掉。此时,洗头所用的水不能过热,但是冲洗次数一定要多,一定要把洗发水泡沫全部洗掉。

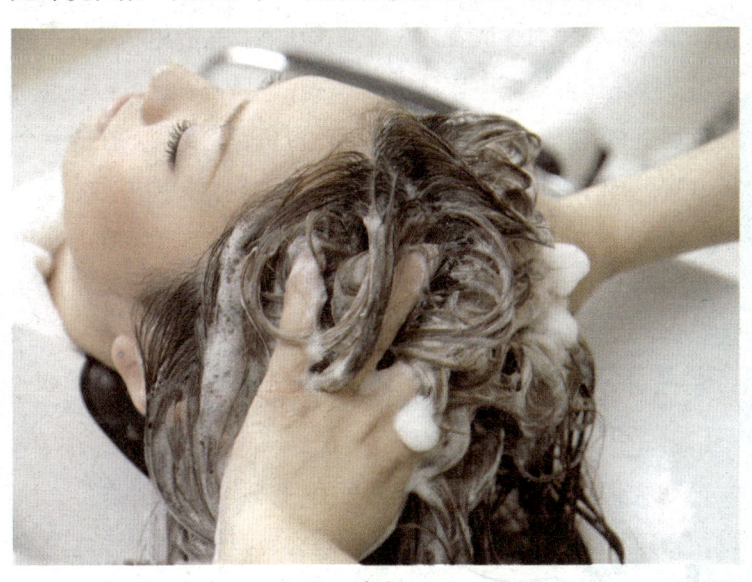

洗头

(3) 护发。

现在的洗发水洁净力强,有时连头发所必需的油脂都洗掉了,因此洗完头发后需要护发,护发的目的是补充被冲洗掉的油脂,增加头发光泽,使头发容易梳理。方法如下:取适量的护发剂放在手上,先由发际着手,从发根开始涂抹,再顺势往头发末端涂抹,尽量涂抹均匀。涂抹完毕之后,用大量清水冲洗,直到黏稠感消失为止。在这里需要特别说明的是,并不是每次洗完头发之后都要护发。护发过度会引起头发油腻。通常是在过度吹整头发,或者冬季温度、湿度低的时候进行护发。

(4) 干燥。

刚洗完的头发最容易受损,因此我们要尽快吹干头发。首先要用毛巾吸掉多余的水分,方法是用毛巾包住头发,轻轻地拍,千万不要用力揉或者让头发互相摩擦。然后用吹风机吹干头发,吹风机的温度应该设定得低一点,风力设定得弱一点。尽量远离头皮,并且要小幅度晃动吹风机,避免固定在同一个地方吹,同时用另一只手去翻动头发,这样才能更快地吹干。

在梳头的时候应当使用间隙较宽的梳子,这样对头发和头皮的伤害比较小。

三、正确使用家庭清洁用品

在我们的日常生活中,到处存在着"健康杀手",所以,家庭保洁工作是非常重要的。现在市面上有很多家庭清洁用品,如何正确使用家庭清洁用品呢?

根据不同的标准,清洁用品分为不同的类别,如根据用途,这些产品大致可以分为衣物清洁用品、水果及蔬菜清洁用品、厨卫清洁用品、墙地清洁用品……按照其成分结构不同,也有不同的分类,如洗衣粉的成分有月桂醇硫酸盐、多聚磷酸钠及增白剂……洗涤餐具、蔬菜、水果的洗涤剂的主要成分是碳酸钠、多聚磷酸钠、硅酸钠、表面活性剂。这些清洁用品如果使用方法不当,会对人体产生一定的危害,情况严重的话,可引起中毒或死亡。在家庭环境中,青少年最容易接触到的化学品就是家庭清洁用品,必须掌握其正确的使用方法。

1. 正确使用洗涤剂

使用专用的洗涤剂洗涤蔬菜、水果、餐具的时候,浸泡的时间不能过长。在洗过之后,一定要用流水冲干净。有些人

洗衣粉只用来洗衣服

只知道蔬果、餐具洗涤剂有消毒作用，在冲洗的时候就马马虎虎地涮几下，最终导致有很多残留部分。

② 正确使用洗衣粉

不能使用洗衣粉洗涤餐具，在洗衣服的时候也不能使用过量的洗衣粉。如果浓度过高，洗衣粉会通过皮肤进入人体，对人的肝脏和心血管系统产生不良影响。如果不慎服用了洗衣粉（液），也会出现各种症状，如胸痛、恶心、呕吐、腹泻、吐血、便血、咽喉疼痛等。因为洗衣粉的去污性比较强，能把人体的油脂洗掉，引起皮肤干燥，所以在使用洗衣粉的时候不可过多，更不能用洗衣粉来洗澡、洗头或者是洗蔬菜、水果等食品。

③ 不宜混合使用各种清洁用品

在使用任何清洁用品的时候，千万不能混合使用，否则可能产生化学反应，对人体产生危害。

四、为什么不能和"红眼病"患者共用毛巾

急性细菌性结膜炎俗称"红眼病"，是由细菌感染引起的一种常见的急性流行性眼病，一般在夏季流行，主要通过接触传播，如手，共用毛巾、脸盆等，或是游泳时通过被污染的水传染。发病时眼睛内部有异物感，眼睛分泌物多、视物模糊、发痒、怕光、流泪、疼痛，严重时会发生角膜溃疡，视力下降。

第一章 居家生活卫生安全知识

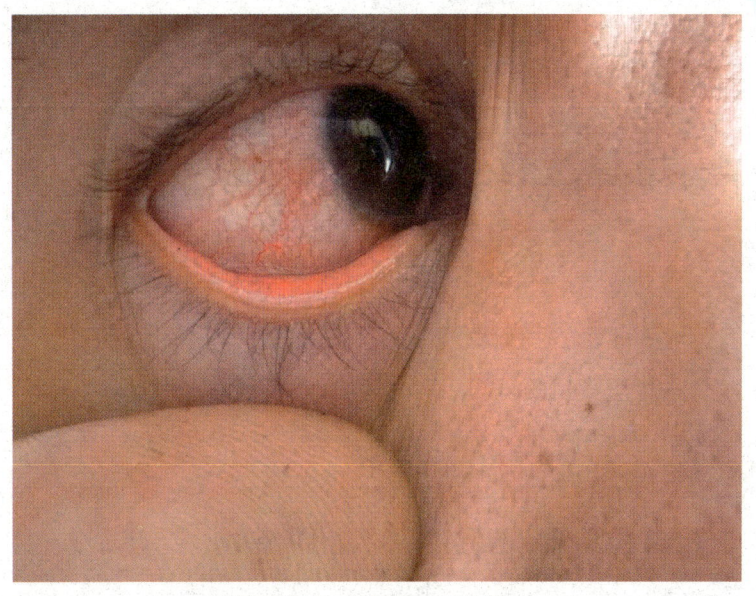

红眼睛不一定都是"红眼病"

洋洋与丽丽关系很好,两人几乎形影不离。一天丽丽得了红眼病在家休息。洋洋到丽丽家看望,吃完水果后,洋洋进了卫生间洗手。丽丽告诉洋洋红眼病会传染,千万不要用她的毛巾擦脸和眼睛。洋洋不以为然,认为没有那么严重。洗完手、脸后,还是用了丽丽的毛巾擦脸。

第二天早上起床,洋洋的眼睛也红肿起来,流泪、怕光,无法上学,只好到医院治疗。更可气的是,由于她不注意卫生,乱用爸爸妈妈的毛巾,爸爸妈妈也被传染了,全家人都无法出门了。这样不仅耽误了自己的学习,还影响了爸爸妈妈的工作。

许多人对"红眼病"有误解,因为"红眼病"的传染性非常强,有的人甚至认为只要被"红眼病"患者看一眼就会传

染上。这种说法是缺乏依据的，因为红眼病是通过细菌感染引起的。

① "红眼病"的主要传播途径

和"红眼病"患者有过近距离的身体接触。

接触过患者用过的毛巾、手帕、洗脸用具、电子游戏机、电脑键盘、手机等。

去过患者接触过的浴池、泳池。

② 当发现"红眼病"时，应做好以下工作

家庭成员最好分用毛巾、脸盆，并经常消毒，注意个人卫生，不要用不干净的手去揉眼睛，不要和"红眼病"患者握手。

在公共游泳池游泳时，要注意眼睛的卫生。

现在大家应该知道什么是红眼病了，也知道它是怎么传播的，我们要做好以上工作防止染病。如果感染上这种病，应该及时去医院治疗，避免病情进一步恶化。

五、远离劣质奶制品

因为牛奶的营养价值比较高，所以被大家认可，将其作为每天必备的食品。但是，一些商家为了牟取暴利，在牛奶中添加了一些对人体有害的成分，严重危害了人们的身体健康。所以，在选择牛奶产品的时候一定要仔细，避免上当受骗。

其实，很多劣质奶制品在其外在特征上就露出了马脚，在选购的时候一定要注意鉴别。

第一章 居家生活卫生安全知识

1. 妙用三招鉴别奶制品

（1）留心生产企业。

购买信誉好的，最好是知名企业生产的奶制品。

（2）观察日期。

在选购奶制品时一定要注意查看其生产日期、保质期、厂名、厂址、营养成分表等项目的标签标志是否齐全，如果不全，最好不买。

2. 鉴别鲜牛奶有方法

（1）观。

新鲜的牛奶呈淡青色、乳白色或淡黄色，凝块稠密、结实、均匀、无气泡，有少量乳清在表面。

（2）闻。

新鲜的牛奶含有糖分和挥发性脂肪酸，所以带有甜味和乳酸味。

3. 鉴别酸奶的技巧

总体来说，人体对酸奶营养的吸收率特别高，但是不好的酸奶会影响人体健康，那么如何选择安全、质量又高的酸奶呢？

先查看说明，看其中是否有添加剂，再检查添加剂含量是否过多。方法是：把牛奶搁在没油的碗里，买一瓶酸奶倒进碗里，用干净的勺当"种子"，盖一个盖子，然后放在温暖的地方使其慢慢升温发酵。如果发现碗上面出的是奶豆腐,下面是奶清液,说明购买的酸奶中添加剂的含量比较少。

鉴别奶粉的方法

奶粉分为两种,即全脂奶粉和脱脂奶粉,奶粉是将鲜牛奶通过消毒、浓缩、干燥等工艺制成。通常来说,好奶粉呈黄色或淡黄色的粉状,且颗粒均匀一致,无结块,无异味。劣质奶粉有酸臭味,容易结块,用水冲泡不易溶解,并有小颗粒凝块。所以,好奶粉和坏奶粉是很好鉴别的。

家长都应懂得如何分辨真假奶粉

第二章　居家用电安全

一、安全用电有哪些小常识

在用电的过程中，最容易发生的意外是触电和失火。当电流通过电线的时候会发热，而电线过细或者是电流过大的时候，温度会变得越来越高。保险丝的作用是在电线温度过高时截断电流，以免熔掉绝缘外皮，甚至导致失火。

如果想要减少失火或者是触电的危险，同时避免因保险丝烧断而停电，则应当遵循以下原则：

① 正确使用插座

给软线装配插头的时候，检查一下各电线是否接到正确的接线头。通常来说，一条软线内有火线、中线和地线三条小线。

千万不要将多个插头同时插在一个插座上。如果插座实在不够用，就多安装几个。

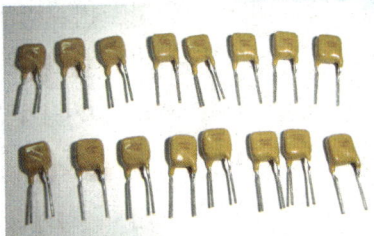
自恢复保险丝

15

插座不可过载。不同的电器功率各异,电器功率在其说明书上已经标明。如果很多电器共同使用一个插座,很容易导致功率超过插座的负载能力。如果情况严重的话可能会引起火灾。

经常搬动冷却或发热的电器,其软线和凹接头需定期检查。凹接头螺丝如果经常受热、冷却,可能会导致松脱。

常用电器要定期检查插头和引线。

大功率电器插头必须使用专用插座,不可插在照明用的插座上,以免电流过载,烧断保险丝。

插头内通常有一块硬胶,就在软线进入插头的小孔内,称为塞绳夹,用来夹紧软线的外皮。如果软线内的小电线外露,则需要重新将其装好。

② 正确使用电器

在使用吊灯的时候,悬垂引线会发热,时间一长绝缘层会逐渐变脆,甚至破裂,所以一定要经常检查,如果出现问题了,要及时更换。

检查引线或用湿布把它弄干净之前必须关掉总开关,如果不小心把水渗进细缝中,可能会发生触电现象。

修理、调校电器前及电器使用结束之后,要拔出插头。另外,在换灯泡、给电水壶注水之前也需要拔掉插头。

有些电器是不能拿入浴室内使用的,如用交流电的干发器、暖炉及其他电器。

常受碰撞的电器要装上橡胶插头。因为橡胶插头更结实,不容易发生破裂。

③ 正确使用电线

电线不够长，可以用接线器连接。但是，如果条件允许的话，应当换上长度适合的电线，否则可能发生危险。

室内的电线最好每五年检查一次。

不要自行改动屋内的电线线路。如果需要改动的话，必须请专业人士帮忙。

户外使用的电器最好使用橙色电线，因为橙色较显眼。

电器的引线如要加长，接上的电线不可细于原有的，以免过热。

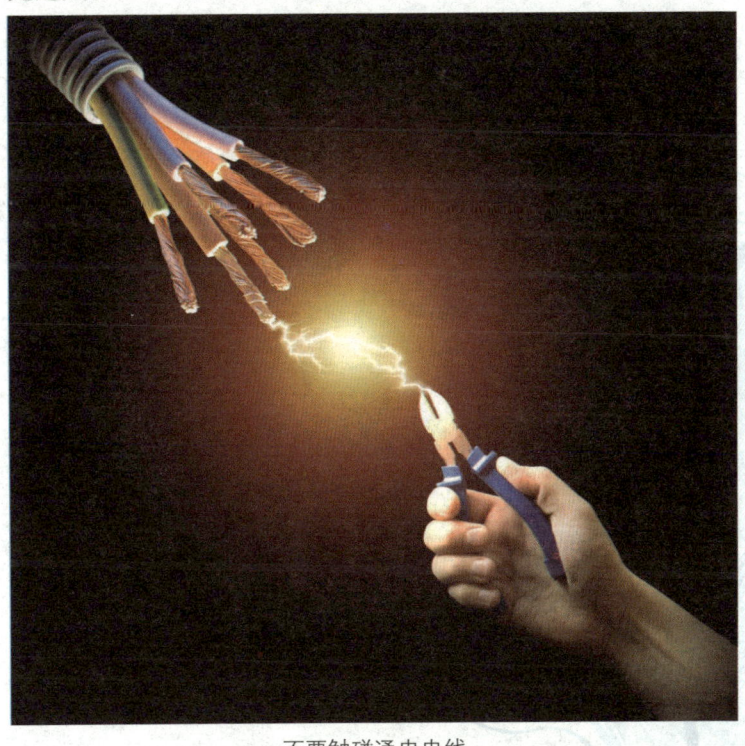

不要触碰通电电线

如果加长的引线是卷在线轴上的，使用时应整段拉出，因为电线通了电流就会发热，留在线轴上，热量不易发散，可能熔掉绝缘层，引起短路，导致火灾。

二、如何营造安全的家电环境

① 注意高温

高温会加速电器绝缘材料的老化，而绝缘作用减弱会引起漏电、短路，导致触电，引发火灾。不要将电器放在阳光直接照射的地方，以及不利于散热的角落，应该尽量将家电放在通风环境中。

② 注意电压

不要在电压过高或过低及频繁停电的状况下使用家用电器。

③ 注意潮湿

洗衣机不能长期放置在潮湿的卫生间内。家用电器附近不摆花盆、鱼缸，不在电器上面放置盛着液体的容器。电器使用过程中，不能用湿布擦拭，更不能用水冲洗。

④ 注意卫生

不要让电器上覆盖过厚的灰尘，要经常清除电器内部的积尘，以免腐蚀元件。

⑤ 注意震动

家电要摆放在平稳、安全的地方，不要放置在有震动的地方或易受撞击的过道处。

三、识别并牢记安全用电标志

现代家庭中电器越来越多，人们接触电器的机会也越来越多，如果不认识安全用电的标志，很可能会发生触电事故，造成人员和财产的重大损失。

不认识安全用电标志容易出事故，而有些假冒伪劣产品的标志和通用的标志不同，消费者买到这样的产品也容易出事故。所以，明确统一的标志是保证用电安全的一项重要措施。统计表明，不少电气事故是由于标志不统一而造成的。如由于导线的颜色不统一，误将相线连接设备的机壳，而导致机壳带电，酿成触电伤亡事故。

通常来说，安全用电标志分为颜色标志、图形标志和灯光标志。颜色标志常用来区分各种不同性质、不同

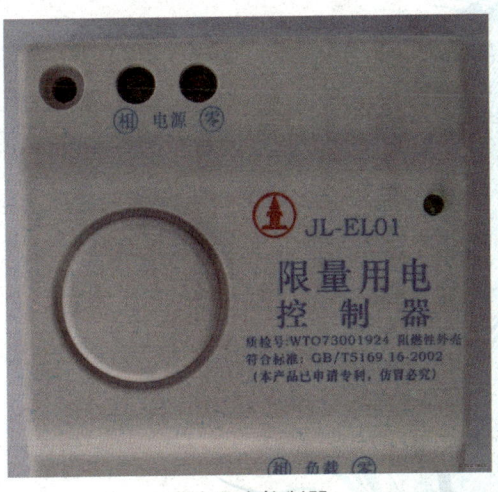

安全用电控制器

用途的导线，或用来表示某处的安全程度。图形标志一般用来告诫人们不要接近有危险的场所。为了能够保证用电安全，一定要按照有关的规定来使用颜色标志、图形标志和灯光标志。

我国安全色标采用的标准，基本上与国际标准草案相同。通常来说，安全色包括以下几种：

红色：用来标志禁止、停止和消防，如信号灯、信号旗、机器上的紧急停机按钮……

黄色：用来标志注意危险，如"当心触电""注意安全"……

绿色：用来标志安全无事，如"在此工作""已接地"……

蓝色：用来标志强制执行，如"必须戴安全帽"……

黑色：用来标志图像、文字符号和警告标志的几何图形。

为了识别和防止错误操作，保证运行和检修人员的安全，按照规定，使用的设备也应当采用不同的颜色。

如电气母线，A相为黄色，B相为绿色，C相为红色，明铺的接地线涂为黑色。在二次系统中，交流电压回路为黄色，交流电流回路为绿色，信号和警告回路为白色。

通常来说，图形标志应当搭配文字说明来使用，这样方便非专业人士识别，从而躲避危险。不同的标志可能有不同的外形，但一些主要的图像外形是不变的。

第一，闪电图形是"危险""禁止"的标志，它常用在电气设备外，同时也为雷电标志。

第二，电闸和一只手，并画有斜线的图形是"禁止合闸，线路有人工作"。

危险标志

第三,竖线下有多段横线为"接地线"标志,表示电气设备为安全起见,应在此处接地线。

第四,红灯表示"危险"或"用电器正在工作",如电热器的红灯表示工作,警戒器的红灯表示危险,电气设备重地门前红灯表示"闲人禁地"。

第五,黄灯为危险与正常的临界区标志,如电热器的"恒温",警戒器的预警……

四、遇到停电应该怎么办

在日常生活中,经常会发生一些意外停电。如果想要减少停电带来的麻烦,应当采取以下几项较为简单的措施:

① 如果预知将要停电，应该及早做好准备

床边放一支小电筒，厨房也需放一盏提灯，以备不时之需。

手电筒和提灯都应使用长寿命的电池，还要定期检查。

如用蜡烛照明，应远离窗帘等易燃物品。蜡烛应放在烛台上，不易碰翻。

如果家中用具大多使用电力，可以考虑买一个露营用的炉，以备停电时用来煮食物和取暖。

照明蜡烛必不可少

提前24 h把冰箱的温度调至最低。温度越低，食物就保存得越久。

② 停电后应该采取的措施

关掉所有电器，当然，电灯和冰箱可以除外。因为如果突然来电了，那些还开着的电器，冲击电流可能烧掉保险丝；而那些在停电之前并没有关掉的电器，当后半夜恢复供电之后，可能会引发火灾。所以，这一点一定要注意。

为确保安全，在停电之后拔掉全部插头，并且把电线收

停电的夜晚

好，以免在黑暗中将人绊倒。

开着至少一盏电灯，这样可知道何时恢复供电。

不要打开冰箱。在停电的时候，食物仍可保存至少12 h不变质。此时，冰箱装得越满，食物保存的时间也就越长。

为了防止热气进入冰箱之中，可以用毯子和报纸裹住冰箱底部。

中央空气调节装置多半靠电力控制，在停电的时候不会有什么危险发生，所以不需要采取措施。

停电时小心使用热水器中的热水。如果贮水箱隔热良好，水温能保持一段时间，但应当注意的是，每次用热水的时候，冷水都会进入贮水箱中。

用真空暖水瓶盛热开水，以备停电之后饮用。

如果突然发生停电，应打电话通知电力公司。通常来说，电话不会受停电的干扰。

③ 恢复供电后应该做的事

恢复供电后，应调好电钟。

拿走放在冰箱四周的绝缘物，尤其要移去通风口或散热器护栅上的覆盖物。

看看冰箱冷冻室的食物有没有开始解冻。如果已解冻，生的食物可煮熟后再冷藏；已煮熟的食物则再煮熟吃掉或干脆扔掉。

如停电时间较长，检查过冷冻室后，最好等6 h后再打开，这样可以让里面的温度降回安全水平。

如果预知短期内将会再次停电，应该把冰箱的温度调至最低，这样可以延长冷藏食物的储存时间。

五、雷雨天气使用电器安全吗

雷雨天气用电器是危险的。家庭用电的线路都埋在建筑物中，而雷电天气所产生的强电流如果击中建筑物，或者其周围强大的电磁场刺激电线产生强大电流，家中的插座成为输出口，很有可能将雷电传输到正在使用或者电源插头没有拔下的电器中。超大电流一瞬间进入电器，超过电器的承载能力，就会导致电器损坏。

大家往往觉得在建筑物内很安全，在雷雨天气继续使用电器，殊不知危险正在靠近。

其实，多数人知道在雷雨天气最好不要使用电器，但还是没有引起足够的重视，总认为发生雷击的概率很小，所以在雷雨天气照常使用各种电器，导致雷电击毁电器的事件时有发生，不仅造成了经济损失，严重时还可能导致人身伤害。

雷电天气用电不安全

1 防雷知识要谨记

要想确保电器和使用人员的安全，建筑物首先要按照防雷设计规范装置雷击保护设施，如避雷针、引下线和接地体等。对于引入住宅的电源线、电话线、电视信号线均应屏蔽接地后引入，这样部分雷电的电流就会泄入地下。

家用电器的安装位置应尽量离外墙或柱子远一点。家庭安装插座时，可以多花一些钱购买防雷功能插座。防雷功能插座的价格虽然要比普通插座高，但对安全有一定的保障。

定期检查家用电器所共同使用的接地线，大多数家用电器的外壳几乎都与这条接地线相连，其主要目的是保护人身

安全。家庭安装的避雷器的接地线，也是与这条接地线相连的。如果这条接地线松脱或断开，家用电器的外壳就可能带电，避雷针也无法正常工作。

❷ 家用电器防雷注意事项

雷雨天不要使用电器，无论是在室内，还是在室外；拔下电视机的电源插头、天线插头，不打电话，这是防雷注意事项。

❸ 安装避雷器是一种好的防范措施

如果既想防雷，又想不妨碍日常生活，那么在相应的线路上安装家用避雷器是一种比较好的防范措施。避雷器的作用是对从线路上入侵的雷电电磁脉冲进行分流限压，从而保护家用电器的安全。对一般家庭而言，有3个避雷器就可以了，第一个是单相电源避雷器，第二个是电视机馈线避雷器，第三个是电话机避雷器。

电力瓷瓶避雷器

值得注意的是，家庭中安装了避雷器并不能百分之百地保证避免雷击，因此在雷声特别大，或者闪电特别多的天气，还是拔掉所有电器插头最为保险。

六、人触电后有哪些症状

电击伤俗称触电,是由于电流通过人体所致的损伤。触电伤害是人体在操作、使用电器时,接触电流或接近高压电被击中所引起的伤害。大多数是因人体直接接触电源所致,也有被数千伏以上的高压电或雷电击伤所致的。人在不同的情况下触电,其触电后的症状也是不同的,人体接触1000 V以上的高压电多出现呼吸停止,200 V以下的低压电易引起心肌纤颤及心搏停止,220~1000 V的电压可致心脏和呼吸中枢同时麻痹。

触电事故大体上分为电流伤害事故、电磁伤害事故、雷击事故、静电事故。当人体被电击后会形成三种伤害,其一是

老化电线要及时更换

身体中电子流动的热作用,其二是电子的流动会破坏细胞的化学分子结构而形成化学性伤害,其三是由于电子流动形成的磁场对细胞分子产生机械振荡式损伤。此外,还有人体与其他物体撞击等伤害。

通常来说,人体的电阻在1000 Ω左右,行业规定交流安全电压的上限为42 V,直流安全电压的上限为72 V。触电后的损伤与电压、电流以及导体接触体表的情况有关。如果电压高、电流强而电阻小、体表潮湿,则电流会引起脑的高度抑制、心肌的抑制、心室纤维性颤动而致死;如果电流仅从一侧肢体或体表导入地,或体表干燥、电阻大,可能引起烧伤但未必致死。

在日常生活中,触电现象经常发生,情况严重的话还会危及人的生命。在触电之后,人体往往表现出以下症状:

如果电流小、电压低、接触时间短,触电者会出现头晕、心悸、恶心、乏力等症状。

如果电流强、电压高、接触时间长,就可能造成假死现象,也就是触电者失去知觉、面色苍白、瞳孔放大、脉搏和呼吸停止,或出现昏迷、强直性肌肉收缩、心律失常、全身发绀等现象。如果得不到及时的抢救,死亡率非常高。

如果身体局部发生触电,因为高热和电火花的作用,可出现局部电灼伤,有不同程度的烧伤、出血、焦黑等现象。与其他正常的身体部分相比,烧伤区有两个以上的创面,一个为进口,一个为出口。创面一般较小,但较深,呈黄褐色焦痂,接触高压电的最明显。重者创面深及皮下组织、肌肉、神经,甚至深达骨骼,呈炭化状态,或发生全身功能障碍,如出

触电后的紧急治疗

现休克、呼吸和心跳停止。

  这里需要特别提醒的是，上面提到的很多症状在刚刚触电的时候或许表现得不是很明显，但是过一段时间之后可能会加重，所以在触电之后一定要时刻观察，不可掉以轻心。

七、如何抢救触电的人

  现在，我们已经处于一个电气化的时代，我们的生活已经离不开电。电带给我们极大便利的同时，也带来了副作用——触电。特别是那些不谙世事、身体发育不完善的青少年，行动不能做到完美，稍不注意，"电老虎"的"魔爪"随时就伸向他们。

大家在生活中接触电的机会越来越多,房间里布置的插孔、电脑、电视机等都需要接触电,稍有不慎,就可能导致触电。如果遇到触电的人,可以采取以下措施抢救:

1. 触电后首先让其脱离电源

第一,青少年尽量不要单独施救,身边如果有成人,应立即把他们喊过来,参与救援。在不得已的情况下,才可以自己来解决。

第二,迅速拔去电源插头或断开近处的电源开关。平时留心观察电源的具体位置,一旦遇到触电事故,可迅速关闭电源开关。

第三,如果在情况紧急时,怎么都找不到电源或插座的具体位置,救助者可利用干燥的木棒、木板、绳索等绝缘物把

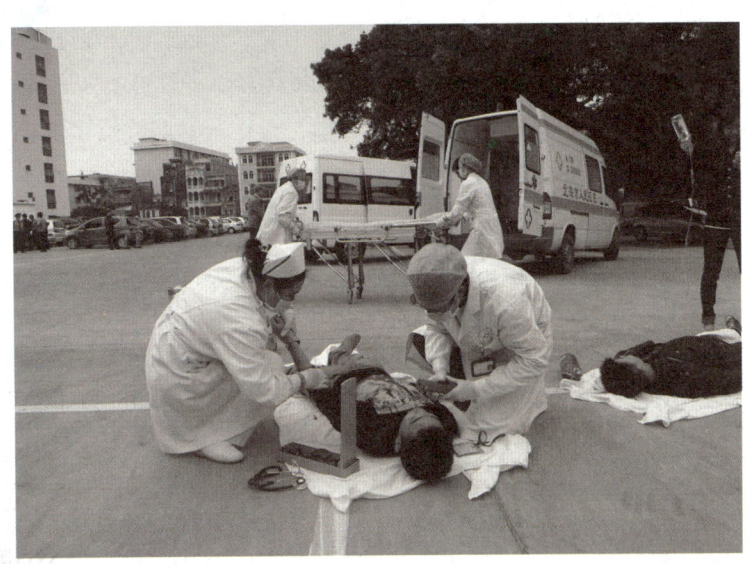

现场紧急治疗

触电者与电线或带电的电器分开。

第四，触电者因抽搐而紧抓电线时，可将干燥的绝缘木板插入触电者的脚下，触电者就会自动松开电线。

第五，如果触电发生在高压设备上，应立即通知有关部门断电。

② 脱离电源后应该如何救治

第一，触电者脱离了电源，并不意味着脱离了危险。救助者可根据伤者电伤的程度，积极进行对症护理，同时拨打120急救电话，等待救护车的到来。

第二，触电者头脑清醒，没有失去知觉，只是短暂的昏迷、四肢发麻、心慌或全身乏力，说明触电情况不严重，应使

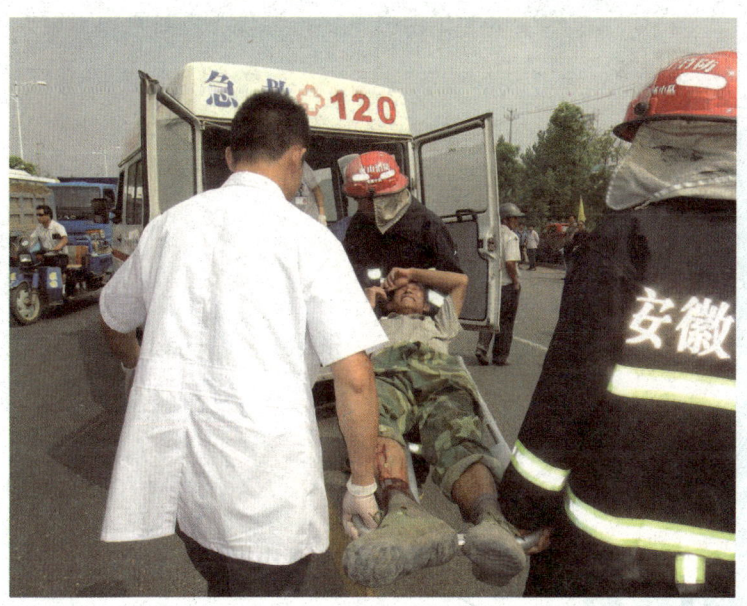

伤情严重者送往医院

其就地休息一两个小时，并进行严密观察。

第三，当触电者失去知觉，但呼吸和心跳正常时，应迅速将其抬到通风的地方，并为其解开衣服，用毛巾沾冷水摩擦全身，使其生热苏醒。

第四，触电者的情况如果比较严重，出现抽搐、呼吸困难、逐渐衰弱、无知觉，但心脏还跳动，救护者可对其进行人工呼吸，使其恢复自主呼吸。

第五，触电者的情况如果更为严重，出现无知觉、抽搐、心脏停止跳动，但有呼吸，救护者可采取人工胸外按压法，直到其心脏跳动为止。

第六，触电者的情况如果非常严重，呼吸和心跳都停止，救护者可马上对其进行心肺复苏。

大家一定要了解安全用电常识，熟练掌握日常电器的安全使用方法，预防触电。

第三章　居家防火救火知识

一、日常生活中怎样消除火灾隐患

在所有的事故中，火灾是严重影响人的生命与财产安全的灾害事故之一。

据统计，我国每年都要发生十几万起火灾事故，导致这些火灾发生的重要原因是人为因素，很多人根本没有防火安全

火灾现场

意识，所以导致了灾害的发生。

我们应该从小培养自己的防火意识，并且学习科学的防火救火知识。在日常生活中，如果发现有火灾隐患，应当立即消除，保护自己和家人的安全。消除火灾隐患的方法如下：

① 加强安全措施，消除火灾隐患

所居住的环境一定要保持干净，千万不要堆积一些易燃易爆的危险品，特别是在门口、窗台或者是楼道两侧。如果出现什么问题，一定要及时采取措施。

② 正确使用油灯等照明工具

使用油灯、气灯、蜡烛照明时，注意不要让其倾翻。在找东西的时候，不要拿着蜡烛到存放易燃易爆物品的地方去。

③ 注意用火安全

注意用火安全，不管是使用燃气、煤、电，还是使用油、柴草、沼气做饭或取暖时，一定要注意用火安全。在用火的时候不要离开人，用完之后一定要关闭火源。在用油锅炒菜或者是炸食品的时候，一定要注意火候，千万不能过旺，否则可能会发生火灾。

④ 禁止吸烟

引起火灾的另一个重要原因就是吸烟。禁止吸烟可以有效降低火灾的发生概率。

⑤ 安全使用电器

在选购电器的时候，一定要注意产品是否合格。在使用电器的时候，人不能离开。另外，电器用完后要拔掉电源插头。

⑥ 家中配备灭火器

家中要配备小型灭火器，要知道正确报告火警的方法。全国统一的火警电话为119。在报火警的时候，一定要把自己的信息说清楚。另外，报告火警是一件严肃的事情，大家不要以此为乐而谎报火情，否则要承担相应的法律责任。

安全用电

火灾的危害性是非常大的，一时疏忽，就有可能引起严重灾害，其导致的后果是任何人都无法承受的。无论何时，一定要重视防火。如果发现身边存在安全隐患，一定要采取措施，防患于未然，保护自己和家人的生命安全。

⑦ 正确燃放烟花爆竹

烟花爆竹容易引起火灾。如果有些地方明文规定不要燃放烟花爆竹，大家不要违法冒险。另外，在一些可以燃放的地方，大家也要注意远离柴草堆或者是房屋。

二、火灾烟气中含有哪些有毒气体

火灾中燃烧产生的滚滚浓烟是扼杀生命的"蒙面杀手"，无数起火灾、无数条生命的丧失证明了这一说法。火灾中浓烈的毒热烟气疯狂肆虐，一次次向人们展示着它的威力，又一次次无情地侵害、吞噬着无辜者的生命。

火灾烟气中含有哪些有毒气体呢？

1. 一氧化碳

一氧化碳是火灾烟气中含量最多的一种气体。这是因为在大多数火灾中，氧气的需求量往往大于供给量，可燃物中的碳在缺氧状态下发生不完全燃烧而生成一氧化碳。一氧化碳被人体吸入后会同氧气争夺血红细胞，而且它与血红细胞中血红蛋白结合的能力比氧气强250倍。这样，就使得血红细胞丧失携带氧气的能力，不能把肺泡里的氧气带至全身，造成机体缺氧。浓度高的一氧化碳可与细胞色素氧化酶的铁结合，抑制细胞呼吸而导致中毒，并且它还会阻止身体排除二氧化碳废气。

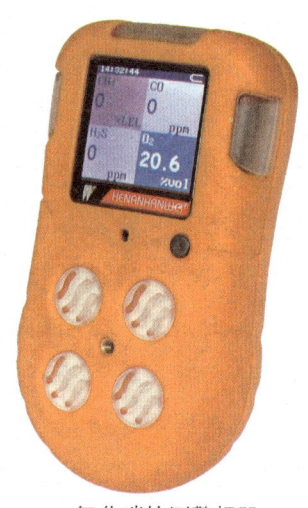

一氧化碳检测警报器

② 二氧化碳

二氧化碳是大多数有机物在氧气充足时完全燃烧后的产物，它也是火灾烟气中的主要气体之一。虽然二氧化碳本身没有毒性，但高浓度的二氧化碳对人的中枢神经系统有麻醉作用，会导致各器官充血、水肿、功能障碍，甚至死亡。

③ 二氧化氮

二氧化氮是一种毒性极强的过氧化物，气体呈红褐色，对咽喉有麻醉作用，对肺有较强的刺激性，能即刻引起死亡，以及滞后性伤害。

④ 氯化氢、氰化氢

含氯的塑料制品燃烧会生成氯化氢气体和氰化氢气体。它们属于强酸性气体，对皮肤、黏膜有刺激性和较强的腐蚀性。达到一定浓度时，会刺激眼睛，引起呼吸道发炎和肺水肿，严重者甚至致死。

⑤ 硫化氢

橡胶、毛织品、皮革、人造丝等含硫有机物在燃烧过程中高温分解，或硫化物与酸性物质发生化学反应，均会产生一种无色、易挥发、有异臭味的剧毒气体——硫化氢。它是一种比较容易被人识别的气体。但是，当它在空气中的含量达到0.02%时，人们对它的嗅觉辨别能力就会迅速消退，随之伴有流泪、眼睛烧灼疼痛、惧光、结膜充血剧痛等中毒症状，严重时出现胸闷憋气、脸色紫绀、极度兴奋、狂躁，甚至出现抽搐、轻度意识障碍，呼吸系统衰竭，陷入昏迷。因此，应该特别警惕硫化氢中毒，一旦发现有硫化氢气体存在时，应立即采取相应的保护措施，如用浸湿的毛巾、口罩、领带、衣物等捂住口鼻。

6 其他有毒气体

火场物品燃烧除了产生上述气体外，在一些特殊情况下，还会生成一氧化二氮（俗称笑气）、天然气和液化石油气等。

当心有害气体中毒

笑气是一种对人体呼吸道黏膜具有强烈刺激性的气体，它可使支气管、肺毛细血管渗透性增强，导致肺水肿；它被血液吸收后，可引起血管扩张，血压下降，使血红蛋白变性，失去携氧能力。其主要中毒症状有：咽喉热辣、头晕、恶心呕吐、胸疼，严重时（因血红蛋白变性）出现身体紫绀、缺氧、喘息、血压下降，甚至昏迷、死亡。

天然气是一种含有甲烷、乙烷、丙烷及少量硫化氢、二氧化碳等气体的混合气体。其中毒表现是：头晕、头痛、恶心、呕吐、乏力，严重者出现直视、呼吸困难、四肢僵直等。

组成液化石油气的所有碳氧化合物都有较强的麻醉作

用，但它的血溶解度很小，所以在常压下不会影响机体。但当它在空气中浓度很高时，就会使人窒息，出现头晕、乏力、呕吐、四肢麻木等，甚至使人昏迷。

三、家庭常用的灭火器有哪几种

灭火器主要由筒体、器头和喷嘴等部件组成，借助驱动压力，将所充装的灭火剂喷出，达到灭火的目的。在火灾初起的时候，它是重要的消防器材，所以，人们要了解和掌握它的使用方法。下面来介绍一下生活中常用的灭火器。

1. 化学泡沫灭火器

化学泡沫灭火器的使用方法：手提筒体上部的提环靠近火场，注意不要将灭火器过分倾斜、颠倒或横拿，以免两种药剂混合而提前喷出。在距着火点10 m左右，将筒体颠倒过来，一只手握紧提环，另一只手握住筒的底圈，把射流对准燃烧物。在扑救可燃液体火灾的时候，如果已呈流淌状燃烧，则将泡沫由远至近喷射，使之完全覆盖在燃烧液面上；如在容器内燃烧，应将泡沫喷射到容器的内壁上，使泡沫沿着内壁流淌着覆盖在着火液面上，千万不能直接对着液面喷射，以防由于喷射流的冲击，将燃烧物冲出容器。灭火器在工作的时候，应始终保持倒置状态，如果有变化的话会中断喷射。

化学泡沫灭火器适用于扑灭一般（液体）B类火灾，也用于扑灭（固体）A类火灾，但不能用于扑灭（液体）B类火灾中水溶性可燃物、易燃液体的火灾，如醇、酯、醚和酮等物

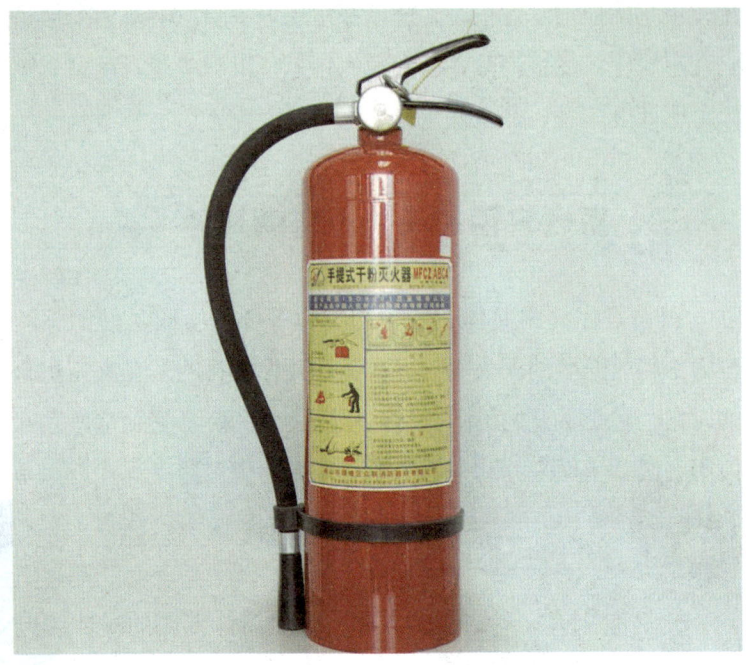

手提式干粉灭火器

质的火灾，也不能扑灭带电设备以及（气体）C类火灾和（金属）D类火灾。

3. 干粉灭火器

　　干粉灭火器的使用方法，将灭火器运到火场，在距燃烧处5 m左右放下，如果是在室外使用，应选择在上风方向喷射。使用外挂式储气瓶时，操作者应一手握紧喷枪，一手提起储气瓶上的开启提环。如果储气瓶是手轮式开启的，则按逆时针方向旋开到最大位置，将喷嘴对着火焰的根部扫射。使用内置式和储压式储气瓶时，操作者应一手先将保险销拔下，然后握住喷射软管前端喷嘴根部,另一只手将开启压把压下。灭火器向燃烧物喷射时,一只手应始终压住开启压把,不能放开,否则会中断喷射。

在使用干粉灭火器扑救液体火灾时,应对准火焰根部扫射。当燃烧液体呈流淌状态时,使用者应对准火焰根部,由近至远,左右喷射,并随火势减退向前推进。当可燃液体在容器中燃烧时,应对准火焰根部,左右扫射,使喷射出的干粉流覆盖在整个容器口表面;如果火焰被喷出容器,应跟着火焰扫射,直至将火扑灭。但应注意不要将喷射流直接喷射在燃烧液面上,防止冲力将可燃物冲出容器而扩大火势。

❹ 二氧化碳灭火器

二氧化碳灭火器的使用方法:将灭火器运到火场,在距燃烧物5 m左右放好,拔出保险销,一只手握住喇叭筒根部的

不同规格的灭火器

手柄，另一只手紧握肩闭阀的压把。没有喷射软管的二氧化碳灭火器应将喇叭向上扳起。在使用的时候，为了防止手冻伤，不能直接用手抓喇叭筒外壁或金属连接管。在室外使用的时候，应选择在上风方向喷射。在室内窄小空间使用时，在扑灭火灾之后要迅速撤离，否则可能会导致窒息。

二氧化碳灭火器的使用范围比较广，主要用于扑救贵重设备、档案资料、仪器仪表、600 V以下电气设备及油类的初起火灾。二氧化碳灭火器应存放在通风、干燥、阴凉及方便拿取的地方，防腐蚀、高温和阳光直晒，还需要专门的技术人员定期进行检查。

四、怎样预防气体燃料起火

目前，用于家庭生活的气体燃料主要有三类：煤气、液化石油气、沼气。使用煤气、液化石油气的用户主要是城镇居民，沼气则是农民利用自己建造的沼气发酵池供气使用的。这三种家用气体燃料都属于易燃易爆气体，使用不当都有引起火灾的可能。比较而言，煤气、液化石油气一旦成灾，比沼气危害更大。

煤气若有泄漏，与空气混合达到一定浓度，遇到明火便会燃烧或爆炸。煤气燃烧或爆炸时不仅火焰的温度高，而且扩散速度快，危害特别严重，哪怕是钢筋混凝土建筑物，也会被炸塌。

预防煤气燃烧或爆炸，必须注意下面两点：

① 要严格按照有关规定，安全使用煤气

点火后人不能远离，谨防火焰被风吹灭或者被煮沸外溢的汤水浇灭。否则，煤气大量从燃具的火孔中外泄，一遇明火就会形成火灾。不用煤气时，必须立刻切断气源（即把煤气表前的管道进气开关和灶具上的旋塞阀开关全部关闭）。

厨房不可存放木柴、纸盒、汽油、煤油、酒精等易燃易爆物品，不可使用煤炉、煤油炉等有明火的炉具，也不要在里面睡觉。否则，一旦煤气泄漏，就会造成严重的后果。

② 学会正确处理煤气泄漏的方法

通常情况下，煤气漏气的原因主要有六种。

第一，煤气表、管道进气开关或煤气管道与灶具的接头

救火现场

松动，或者其中的填料老化。

第二，灶具的开关芯子部位或者开关同喷嘴的连接处密封不严。

第三，管道阀门的阀杆与压母之间的缝隙处填料松动。

第四，连接灶具的橡胶管两端接头处松动。

第五，橡胶管年久老化出现裂纹。

第六，管道或煤气表本身受煤气腐蚀而生锈穿孔。

如果你在家中闻到煤气味，千万不要划火柴或使用打火机，而且也不能开、关电灯，拉（合）电闸，拖拉金属器具等，这些动作都容易产生火花，引起煤气爆炸。正确的处置方法是：先关闭煤气管道进气开关，断绝气源；在门窗外没有火源的情况下，打开门窗放进空气，稀释室内的煤气；然后，通知煤气公司速来抢修。倘若煤气泄漏严重，则应拨打火警电话119，向消防部门报警。

五、怎样正确使用空调才能避免引发火灾

在人们的日常生活中，空调是必要的家用电器。如果使用不当，不仅会缩短空调的使用寿命，而且会导致危害的发生。那么，如何正确使用空调呢？

首先，空调的安装位置要具有良好的散热条件，千万不可靠近一些可燃物，防止电动机过热而引起火灾。悬挂式空调的正下方不要放置可燃物。另外，空调的电源线应该选具有良好性能的绝缘线，为了更加安全，在可能的条件下用金属套进行保护。空调与空调之间应该单独拉线，有独立的保险丝和电

源插座，不要与家用电脑等共用插座。同时，保险丝的容量要合适，电源的插头一定要插牢。如果在使用空调的过程中，保险丝被烧坏了，说明用电负荷过大了。此时，不应当更换更粗的保险丝，或者用其他金属丝代替，否则可能会引起短路，造成更大的危害。

大家在使用家用电器的时候，不能持续时间过长，最好不要超过10 h。在家庭中，如果使用空调，最好能将几台空调分别放在客厅与卧室中，并且把使用时间稍做分配，不要让同一台空调长时间运转。这样不仅可以保证空调出风口的通畅，而且能避免过热，减少耗电量。在购买空调的时候，一定要注意空调是否能够节电，比较一下空调的性能，一般来说，能效比越高，节能性就越好。

空调主机

1. 空调引起火灾的原因

（1）产品质量不合格。

有的空调的电容质量不好，在使用的过程中，可能被击穿起火。

（2）安装使用的位置不符合要求。

如果把空调安装在不容易散热的地方，就会导致高温形成，如果周围再有一些易燃物，极易引发火灾。

（3）电器连接不当。

一般来说，空调是大功率用电设备，如果线路超负荷会使电线过热起火，插头接触不良打出的电火花也会引发火灾。另外，现在不少居民装修时使用木头、壁纸等材料，空调电源线过细又不加套管，直接走装修层的话，可能会导致火灾。

（4）空调使用年限过长。

在一些家庭中，空调的使用时间过长，有些甚至在20年之上。通常来说，空调设计寿命为10～15年。空调使用时间过长，会出现一系列的问题，如机器内部元件老化、年久失修、经常搬运碰坏电线等，如果空调内部再积累了过多的灰尘，就容易导致短路事故。

2. 预防空调引发火灾的措施

（1）空调安装位置要正确。

在日常生活中，空调不要安装在房门的上方，因为开门的时候会加速热空气的流入。空调可以对着门安装，这样室内的空气压力可以抵抗室外热空气流入。

（2）空调安装高度要正确。

空调安装的高度、方向、位置必须有利于空气循环和散热，并且注意与可燃物保持一定的距离。在空调运行的过程中，应该避免与其他物品靠得太近。如果突然停电，应该将电源的插头拔下，如果又通电了，则需要过几分钟之后再接通电源。空调必须使用专门的电源插座和线路，这样才能保证足够的电容量。另外，空调也不能与其他家用电器靠得过近。

（3）正确安装熔断保护器。

空调要安装一次性熔断保护器，防止电容器击穿后引起温度上升而造成火灾。在使用空调的时候，一定要保证保险丝的容量，千万不能用铁丝或者是铜丝来代替。另外，也要定期对空调进行保养和清洁，防止散热器堵塞，引起火灾。

空调安装位置

六、洗衣机也暗藏火灾隐患吗

洗衣机已成为现代家庭必备的家用电器,它不仅能减轻我们繁重的家务劳动,还能节省时间、水和洗涤剂,是我们做家务的好帮手。都说"水火不相容",但这个与水打交道的电器也存在着火灾隐患,如果使用不当,会引发火灾。

洗衣机引起火灾的原因有以下几种:

第一,电机线绝缘损坏。电机是洗衣机最主要的部件,当电机线圈受潮,绝缘电阻降低时,会发生漏电,轻则人在触摸洗衣机时感到手麻,重则会使线圈冒烟起火。当衣服洗得太多,负荷加大或波轮被卡住,电机停转时,线圈电流增大,就会发热引起火灾。

第二,洗衣机内导线接头多,若接触不良,接触电阻过大,就会出现发热、打火现象。

第三,电容器由于质量低劣或受潮,致使绝缘性能降低,漏电电流逐渐增大,会发生爆燃。

第四,当电源电压低于198 V时,线圈

滚筒洗衣机

电流会增大,导致线圈发热,引起火灾。

第五,自来水压力不足,会延长进水时间,使洗衣机的电磁阀长时间处于通电工作状态,致使洗衣机进水电磁阀短路损坏,容易造成洗衣机发热甚至烧毁。

自燃烧毁的洗衣机

七、火灾发生后如何正确报警

在发生火灾后及时报警是每个公民的责任和义务。及时报警不仅保护了他人的生命财产安全,对自己也有好处。所以,掌握报警的正确方法是非常必要的。

在火灾发生之后,不要慌张,应该马上大声呼叫,通知他人,及时报警,通知消防指挥中心。我们国家的火警电话是

119。在拨打119的时候要沉着、冷静,在电话接通,确定是消防指挥中心之后,再详细说明以下情况:

第一,起火单位或住户所在的区县、街道门牌号或乡镇村庄等。

第二,着火楼层或起火处、起火物品、火势大小。

第三,有无人员受伤或被火围困尚未逃出的人,有无爆炸危险物品。

第四,火灾场所附近的标志。

第五,报警人的姓名、所使用的电话。

在报警结束之后,应立即到所报告的建筑标志处等候消防车。

及时准确地报警,可以为消防队到达火灾现场,实施扑

太迟报警会遭受更大损失

救火灾，抢救人的生命和财产赢得时间。但是，很多人往往只是忙于救火，而忘记了报警，让其他人误以为已经报警了，所以耽误了救火时机，造成各种损失。

公安消防机构应加大初期灭火和逃生自救常识的宣传力度，市民们也应积极地参与学习与训练，如果发现了火情，一定要及时报警，为减少损失赢得更多的时间。

任何无法做到正确报警的事例都得不到好的救助。为防万一，平时应将火警电话、自家地址、姓名及电话等写下来，贴在电话机旁的墙壁上，一旦有紧急情况发生，报警时照着上面写的内容读就准确无误了。除了火警电话，其他一些救急电话，如120急救中心电话、110报警电话都准确记下来，以便防患于未然。

八、高层楼房着火怎样逃生

在日常生活中，或许一个不小心就会导致火灾的发生。那么，当高层楼房着火的时候，应当如何逃生呢？

通常来说，当高层建筑发生火灾的时候，首先应当防止窒息和中毒，然后从消防通道及时逃生。如果火势过大，可以先躲避，等待救援，此时，特别忌讳的是过于惊慌而跳楼。如果房间内起火，并且因火势造成房门已无法打开，室内人员不能顺利疏散时，可以另寻其他通道；如果房间外面起火，并且火势较大，可以将门缝用毛巾、棉被等封死，并不断往上浇水进行冷却，防止外部火焰及烟气侵入；如果是在晚上发生火灾，一定要摸摸房门是否发热，如果是热的，就不要把门

起火的大楼

打开，否则烟和火会冲进卧室，如果房门不热，火势可能不大，要找到正确方法逃离房间。如果在楼梯间或者过道上遇到浓烟，要马上停下来，千万不要试图从烟火里冲出；发生火灾实在无路可逃时，可以利用卫生间进行避难，因为卫生间湿度大，温度低，可用水泼在门上、地上进行降温。

1. 高楼被火困住的应急措施

当高层楼房发生火灾的时候，有一种自救方法，就是利用绳索、消防水带，或者用床单撕成条连接起来，一端紧拴在牢固的门窗上，再顺着绳索滑下。如果没有这个条件，则可以

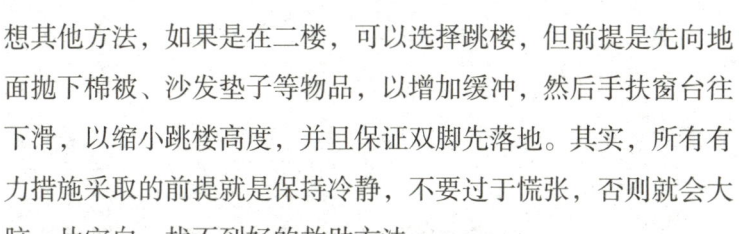

想其他方法，如果是在二楼，可以选择跳楼，但前提是先向地面抛下棉被、沙发垫子等物品，以增加缓冲，然后手扶窗台往下滑，以缩小跳楼高度，并且保证双脚先落地。其实，所有有力措施采取的前提就是保持冷静，不要过于慌张，否则就会大脑一片空白，找不到好的救助方法。

 不同楼层、不同条件下的逃生方法

第一，当一层楼的一个部位起火，而且火势逐渐蔓延的时候，应当沉着冷静，寻找安全疏散的路线、方法，千万不要惊慌失措。

第二，当某一防火区着火，楼层的大火已将楼梯口封住，导致着火层以上楼层的人员无法从楼梯间向下疏散的时候，被困人员可以先疏散到屋顶，再从相邻的楼梯间往地面疏散。

被烧毁的建筑

第三，当着火层的走廊、楼梯被烟火封锁的时候，被困人员要尽量靠近当街窗口或者阳台等容易被看到的地方，向救援人员发出求救信号，以便让救援人员及时发现，采取救援措施。

第四，在充满烟雾的房间和走廊内，由于烟和热气上升，可以匍匐在地板上，这样就能少吸入有害烟气。

第五，如果被困在楼层较低的位置，当危及生命又无其他方法可以自救的时候，可以将被子等软物抛到楼底，人从窗口跳至软物上逃生。

九、火灾逃生有哪些误区

1. 手一捂，冲出去

这是很多人特别是年轻人常常采取的错误逃生行为。其错误性主要表现在以下两个方面。其一，手不是过滤器，不能滤掉有毒烟气。人们平时在遇到难闻的气味或者沙尘天气时，往往不自觉地用手捂住口鼻，这其实是一种自我安慰的行为，其作用不大。所以，在紧急时刻，应采取正确的防烟措施，如用毛巾、手帕、衣服、领带等捂住口鼻（有条件的话，应浸湿后拧干再用）。其二，烟火无情，在其面前人的生命很脆弱，面对火灾的时候，千万不要低估烟火的危险性。有些年轻人可能会仗着自己身强力壮、动作敏捷，认为不采取任何防护措施冲出烟火区也不会有多大危险。但很多火灾案例说明，人在烟火面前，真的非常脆弱，很多人在烟气中奔跑两三

第三章 居家防火救火知识

火灾的烟气毒性非常大

步就倒下了,不少人就在跟"生"只有一步之遥的时候倒下了。难道就差这一步吗?可就是这一步足以把生死分开。因此,在遇到火灾的时候,一定不要盲目地高估自己的力量而低估烟火的危害。

② 抢时间,乘电梯

面对火灾,人们的第一个想法肯定是要马上远离它。为了抢在火魔肆虐之前离开建筑物,很多人可能会立即想到乘电梯。因为在我们的印象中,电梯的速度比较快,能给人们节省很多时间,所以,许多人会认为它是最迅速的逃生工具,这是一种非常错误的想法。一定要记住,不管电梯平时是多么迅速快捷、省时省力,但在发生火灾的时候,千万不要乘电

梯,因为这时的电梯是最危险的死胡同。主要原因有如下几个方面:

(1)电梯以电为动力。

火灾发生时,切断电源往往是应急措施之一,即使电源不被切断,它的供电系统也极易出现故障,这样就会被困于电梯内,反而陷入无法逃生、无法求救的困境,极有可能遭受烟气的危害而导致窒息死亡。

(2)电梯竖井是最危险的通道。

电梯竖井酷似庞大的烟囱,具有"烟囱效应",是烟气、火灾蔓延最自然的通道,而且楼层越高,抽拔力就越强。

(3)运载能力不能承受密集的逃生人群。

电梯运载能力有限,人员密集场所发生火灾时,惊恐的人员拥入电梯更易造成混乱,反而容易延误安全逃离的良机。

③ 找亲戚、朋友,一起逃

在遭遇火灾的时候,如果在同一座建筑物内还有自己的亲戚、朋友,很多人可能会在自己逃生之前先去寻找他们,这也是一种不可取的行为。如果亲戚、朋友就在眼前,可以拉着一起逃生,这是最理想的。因为跟亲戚、朋友在一起,可以互相安慰,互相鼓励,共同渡过劫难。而如果亲戚、朋友之间离得比较远,就没有必要到处寻找,因为这样会耽误宝贵的逃生时间。如果亲戚、朋友把宝贵的逃生时间花在互相寻找上,其结果可能是谁也跑不掉。明智的做法是各自逃生,到安全地方之后再看看少了谁,请求消防队员前去寻找、营救。

建筑物起火

④ 朝光亮，有希望

这是在紧急危险情况下，人的本能、生理、心理所决定的。人们总是向着有光的方向逃生，哪怕是很微弱的光亮，人们都会对其寄予生的希望。一般而言，光和亮意味着生存的希望，它能为逃生者指明方向，避免瞎摸乱撞。但在火场中，90%的可能是电源已被切断或者已经造成短路、跳闸等，有光和亮的地方恰恰是火魔肆无忌惮地逞威之地。因此，在黑暗的情况下，按照疏散指示标志的方向奔向太平门、疏散楼梯间、疏散通道才是可取的。

⑤ 无自信，盲跟从

这是火场中被困人员的一种从众心理反应。当人的生命处于危险之时，极易由于惊慌失措而失去正常的思维判断能力，认为别人的判断是正确的。于是，当听到或者看到有人在前面跑时，人们本能的第一反应就是盲目紧随其后。常见的行为表现有跳窗，跳楼，躲进卫生间、角落等，而不是积极寻找出路。要克服这种行为的方法就是平时加强学习和训练，积累一定的防火自救知识与逃生技能，树立自信。

6. 走捷径，急跳楼

火灾发生初期，火场人员会立即做出反应，这时的反应大多还是比较明智的。但是，当发现选择的逃生路线错误而又被大火包围时，看到火势越来越大，烟雾越来越浓，就很容易失去理智，往往会选择跳楼等不明智之举。实际上，与其采取冒险行为，不如稳定情绪，另谋生路，只要有一线生机，切忌盲目跳楼。

逃生安全通道

第四章　宠物伤害救治技巧

一、怎样防止家养宠物影响他人

饲养宠物能丰富我们的业余生活，也能调节我们紧张的学习、工作节奏。但如果处理不当，家养宠物也会给我们增添不少烦恼，甚至造成伤害。怎样避免这类不良影响呢？

可以在家庭中饲养的宠物种类很多，有蟋蟀、观赏鱼、鸟类、猫、狗等。蟋蟀、观赏鱼一般对人影响不大，而鸟类、猫、狗对人的影响较多。怎样避免宠物对他人造成影响呢？

1. 建造合格的住舍

根据因地制宜、就地取材、位置合适、牢固耐用的原则建造宠物住舍。宠物住舍一般要求符合宠物的生活习惯和卫生条件，要通风良好，最好有防雨、防潮、防风、防寒、防暑设备。狗舍可用砖瓦水泥，也可用木条、铁架建造。

对于家庭养狗，一般可采用移动式狗舍，如小狗可采用狗箱作为狗舍。猫舍可简单些，但也需有固定的地方。另外要教会狗、猫从小养成在住舍睡觉的习惯，不要让它们到处睡觉，绝不可让宠物睡在主人的床上。对于鸟类中的中型鸟

（如家鸽等），要建固定鸟舍，位置要适当，对于小型观赏鸟，则要注意将鸟笼挂在合适的地方，不能影响居住环境的卫生与他人休息。

有爱的狗窝

② 保持环境卫生

保持环境卫生是饲养宠物中特别需要注意的问题。要求狗舍空气新鲜，每日清扫干净，随时清扫粪便，一月大扫除一次并进行消毒，每年春、秋两季进行大消毒，小型观赏狗还应调教其在室外排便。粪便要在指定地方堆放，并用泥土封闭，夏季要在粪便堆放处撒石灰或喷洒石炭酸药水。猫舍也要定期清扫、消毒，猫也需从小调教其在室外定地排便（可设一专门装置，铺些干土或煤灰）；鸟类的笼舍也要定期清洗、打扫。另外，对宠物本身也需搞好清洁卫生，减少臊味、臭味。对狗来说，为防止狂犬病，每年要定期给狗注射疫苗，对其他宠物也须考虑防止疫病传染的问题。

宠物猫和兔

③ 饲养宠物的安全措施

饲养动物，还可能有人身（特别指他人）安全问题，特别是大型、凶猛的狗一定要在脖子上套上铁颈链。带狗外出时，主人手要握住狗的牵引带，给狗戴上嘴套。

此外，喂食时一定要固定餐具（严禁人与动物共用）、固定宠物进食场所，使宠物养成一个良好习性。

对于家养的宠物，我们还要进行必要的行为训练，如从小调教宠物不拖拉物品，以免妨碍他人，要让它们听从主人的引导。

总之,在饲养宠物时,要避免影响他人。

二、和宠物"走得太近"有什么危险

例如:刚刚随妈妈到大姨家做客,大姨家新买了一条花白小狗,刚刚喜欢得不得了。他开始与狗还保持一段距离,后来熟悉了,就抱着狗玩,还主动与狗亲吻。狗认生,受到了惊吓,咬了他的鼻尖,顿时鲜血直流,吓得刚刚浑身直哆嗦。到医院经过紧急治疗,鼻子倒是没事了,但刚刚的心理出现了异常,很长时间都没有从紧张的情绪中恢复过来,学习也受了很大影响。

大家与狗、猫等宠物亲密接触时,要特别注意自己的言行。具体包括以下几个方面:

一是在猫或狗面前,不要突然惊吓它,否则容易被抓伤。

二是当狗在身边闻气味儿时,不要惊慌,原地站住不动。

三是当狗追你时,不要抬脚踢它。有效的办法是站住,假装弯腰捡石头打它。

四是摸宠物时,手心向下,慢慢接近它。如手心向上,宠物会觉得你要打它。

猫和狗的牙齿有许多细菌,可能致命,对狗要特别注意。如被狗咬到,会有感染狂犬病毒的危险。狂犬病的致死率几乎为100%,其症状为四肢乏力、烦躁不安、瞳孔散大、唾液过多、出汗、失眠等。感染2~3天后,体温会升高到38 ℃左右,精神也陷入兴奋状态,开始痉挛,严重的伤口附近的肌肉可能出现麻痹的症状,待扩散到全身后就将面临死亡的危险。

第四章 宠物伤害救治技巧

宠物狗

所以,同学们被宠物抓到或咬到后,应该马上告诉家长,同时必须马上采取紧急处理措施。

被猫、狗抓伤或咬伤后,要立即处理伤口,首先在伤口上方扎止血带(可用手帕、绳索等代用),防止或减少病毒随血液流向全身。

迅速用洁净的水或肥皂水对伤口进行流水清洗,彻底清洁伤口。对伤口不要包扎。

迅速送往医院进行诊治,在24 h内注射狂犬病疫苗和破伤风抗毒素。

三、家中养猫有哪些隐患

近些年来养猫的家庭越来越多,然而,很多人都只看到了猫咪文静、乖巧、高雅的一面,没有考虑健康问题就开始养猫。其实养猫也有不少的危害，如果不了解其中情况，养了之后感染上什么疾病，那就追悔莫及了。

猫是多种寄生虫病及恶性传染病的宿主和传播者。科研部门发现，一般情况下，每只猫都会染上两种以上的寄生虫病，最多的有10余种。这些病原体中的肝吸虫、旋毛虫等，对

吐舌头的小猫

人体健康十分有害，饲养过程中须注意防治。在猫的正常食料中，按猫的体重每千克拌入阿苯达唑10 g，能有效杀灭寄生虫病原体。

养猫可能带来的一些危害：

1. 狂犬病

猫也传染狂犬病。如果被感染狂犬病毒的猫咬伤、抓伤或者舔过皮肤、黏膜，都会受到感染。

2. 胃溃疡

猫体内有10种可导致胃溃疡的病菌和3种不同株的螺旋杆菌。这三种螺旋杆菌与幽门螺旋杆菌有关，但又不同，它不仅

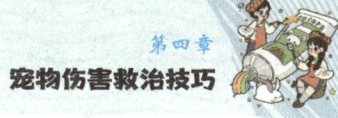

局限于人类，而且能感染80%～100%的猫，引起中度胃炎。

③ 猫抓病

猫抓病是一种人畜共患的感染性疾病，但我们对它还是比较陌生，很少有医生能正确诊断这种病。患上猫抓病后的典型临床表现是，被猫抓后的1～2周，在抓伤部位出现丘疹或硬结，这种皮疹往往不会引起人们的注意。被猫抓后的半个月到3个月之内，抓伤部位会出现淋巴结肿痛或化脓，这时才引起重视而就医。患猫抓病的人，全身症状并不严重，约3/4的人会有低热、周身不适及食欲下降等，通常持续1～2周。

④ 皮肤瘙痒

家猫往往携带体外寄生虫，特别是猫蚤。凡是养猫的人，很难避免被跳蚤叮咬。由于局部瘙痒难忍，常因搔抓而致皮肤破溃，进而引起细菌继发性感染。

小猫的抓挠

四、宠物鼠有哪些致病风险

宠物鼠虽然小,但致病风险却很大,可以传播鼠疫、伤寒、流行性出血热等多种疾病。晨晨就曾有过这样的经历:

新年伊始,小姨送晨晨一只小仓鼠作为新年礼物。从此,晨晨每天起床后的第一件事就是打开笼子喂宠物鼠。下午放学一进家门,扔下书

毛茸茸的宠物鼠

包做的第一件事也是去看宠物鼠。宠物鼠几乎成了晨晨最重要的宝贝了。

然而几个月后,宠物鼠竟然病死了,晨晨非常伤心,舍不得把宠物鼠扔掉,捧着宠物鼠的尸体哭了一整天。第二天,晨晨开始出现头痛、高热、全身乏力、肌肉酸痛的症状,妈妈以为晨晨是伤心过度,就给晨晨的老师打电话请假,想让晨晨在家休息几天。

第四章
宠物伤害救治技巧

晚上,晨晨当医生的爸爸下班后发现晨晨走路一瘸一拐的,又联想到晨晨死去的那只宠物鼠,他一下子慌乱了起来。根据种种迹象,爸爸断定宠物鼠是得鼠疫死的,而晨晨的症状分明是鼠疫。爸爸连忙背着晨晨赶到附近的医院,对医生说:"我儿子可能得了鼠疫,快救救我儿子吧!"

医生听了之后都非常吃惊,近些年除了云南、青藏高原一带偶尔有鼠疫报告,其他地方早就"灭迹"了,这孩子的爸爸怎么会说孩子得了鼠疫呢?但是了解到晨晨的爸爸是医生后,医生也不敢大意,赶紧给晨晨进行了身体检查。检查时医生发现晨晨头颈部淋巴结肿大,触摸晨晨的小腿肌肉时晨晨痛得大叫。医生愣住了,究竟是怎么回事,晨晨怎么会痛成这样?

最终,医生诊断晨晨患了钩端螺旋体病,并及时采取了相应的治疗措施。医生告诉晨晨的爸爸,晨晨的宠物鼠就是非常有名的黑线姬鼠,这个小家伙是非常可怕的传染源,能够通过接触传播各种病菌。同时,他指着晨晨身上的抓痕,告诉晨晨的爸爸,病菌就是通过这上面的破损处进入晨晨身体的。

资料显示,宠物鼠携带出血热病毒的可能性为4%。此外,宠物鼠身上还容易携带弓形虫、螨虫等寄生虫,都非常容易传染给人类。不仅如此,宠物鼠的粪便、尿液以及毛等都会携带病原体,一旦这些病原体弥漫在空气中,就容易被人吸入体内,从而引起各种疾病。如果被宠物鼠咬伤,还可能感染狂犬病毒、真菌类疾病等。毛和宠物鼠身上的病原体还容易引起呼吸道疾病和过敏,甚至导致哮喘病患者发病。

市场上出售的宠物鼠,很多来源不明,也没有经过检疫处理,存有潜在的不安全因素。如果一定要养宠物鼠,首先应该注意做好宠物鼠的卫生工作，定期做检疫，及时清理宠物鼠身上携带的寄生虫，而且尽量把宠物鼠放置在笼子里饲养，以免宠物鼠把自身携带的寄生虫、病菌等传播到沙发和床上；最好不要用手去触摸宠物鼠，特别是给宠物鼠喂食时一定不要碰到宠物鼠的牙齿；若是在饲养过程中被宠物鼠抓伤或者咬伤，一定要及时进行治疗，并注射狂犬病疫苗。

宠物鼠

五、养鸟需要注意什么

有些人知道，养猫养狗不注意，会给自己和家人带来疾病。但估计有很多人不知道，如果养鸟的方法不对，也会感染一些由鸟类传播的疾病。有医学专家研究发现，鸟会对居室环境造成一定程度的破坏，特别是天气炎热的时候，鸟吃剩的食物及排泄的粪便，如果没有及时清理，很容易滋生细菌、病毒，给家庭环境带来危害。

当鸟清理自己的羽毛的时候，经常会拍打翅膀，在拍打的过程中，羽毛里夹带着的粉尘、绒毛、尘螨、寄生虫等就会四处飞扬，如果主人不及时清理的话，会诱发各种疾病，如鼻炎、哮喘、支气管炎、过敏性疾病、间质性肺炎……。

另外，有一些鸟类会引发一些非常特殊的疾病，如"鹦鹉热"就是一种由鹦鹉热衣原体引起并由鹦鹉等鸟类传播的传染性非典型性肺炎。这种"鹦鹉热"衣原体存在于鹦鹉、金丝雀等鸟类的羽毛和排泄物中，如果人无意中吸入了这些鸟类的羽毛或粪便的尘埃，很有可能引发各种疾病。

白鹦鹉

通常来说,"鹦鹉热"的潜伏期不长,1~2个星期。人感染了"鹦鹉热"后,会感到全身不舒服,没有力气,体温也会升高,并且有一些其他症状,如剧烈的头痛、咽喉痛及全身肌肉酸痛、胸痛、咳嗽……"鹦鹉热"的症状与流感非常相似,所以给医生诊断带来一定的困难。但这种疾病并非什么疑难杂症,只要方法得当,是可以治好的。

在养鸽子的人中,有一部分人对鸽子粪便中的异型蛋白质和鸽子羽毛中的粉尘过敏,诱发外源性过敏及外源性肺炎,这种肺炎也被人们称为"鸽子肺"。另外,在鸽子巢、鸽子粪中也有很多种病菌,它们能够引发隐球性脑膜炎等疾病,严重威胁着人体健康。

养鸟还需要提防禽流感,即使禽流感只是偶尔出现,但是会带来很高的死亡率。因此,养鸟的人一定要万分小心,把鸟笼挂在阳台或者外出遛鸟时,要尽量杜绝家养鸟和野鸟接触。如果野鸟感染了禽流感病毒,那么家鸟也是很容易被传染上的。

养鸟需要注意的一些事项:

一是应该把鸟笼挂在室内通风较好的地方,为了使鸟笼保持清洁,需要每天清理。

二是为了防止感染病毒,在清理鸟笼时一定要戴上口罩。

三是要定期对鸟笼进行消毒,可喷洒20%的漂白粉溶液。如果鸟已经发病,一定要及时做出处理。

四是与鸟玩耍的时间不要过长,维持在半个小时以内。

五是人们在生病期间不要逗鸟。在医生问及病情的时候,要如实说出自己是否有养鸟的爱好。

六是不能把鸟放到厨房,以免它落到炉灶或者热锅上。

七是在抓握鸟的时候不能用力过猛,一定要轻柔些。鸟的骨头十分脆弱,即使轻轻按一下,也可能导致鸟儿骨折,甚至是丧命。

八是如果发现自己的爱鸟在呼吸时张着嘴巴,这说明小鸟儿生病了,此时应当抓紧时间给它治疗,到宠物商店中买一些抗生素,将其磨成粉末后放到鸟饮用的水里。如果这样还没有让鸟的病情得到缓解,应当马上带其去看兽医。

六、被宠物咬伤后如何处理伤口

如今,很多家庭中都饲养着宠物。小宠物的温顺和可爱能丰富主人的业余生活,而且还能激发人们的爱心。但是,并不是所有的宠物都能做到在任何时候都保持温顺,在很多时候,如果被惹急了,也会有很大的攻击性。

被宠物咬伤了肯定不是小事,严重的话会引起一些重大疾病,所以,家中饲养宠物的人需要知道一些预防方法,否则就会发生意外。

1. 预防被宠物咬伤的措施

避免被狂犬咬伤,就要远离有攻击性的各种犬类。如果家有小孩,最好不要养宠物。家有宠物,一定要带宠物到防疫站注射狂犬病疫苗,如果是养狗的话一定要到有关部门进行登记、挂牌,这样可以给自己和邻居安全感。

饲养宠物的时候,必须充分了解它们的习性、特点,而且要采取一定的防护措施，这样可以防止宠物对人造成伤害。如果宠物狗出现性情反常、神经过敏、口中流出大量唾液、坐立不安、叫声低哑等症状，一定要加以警惕，迅速带其到医院进行诊治。

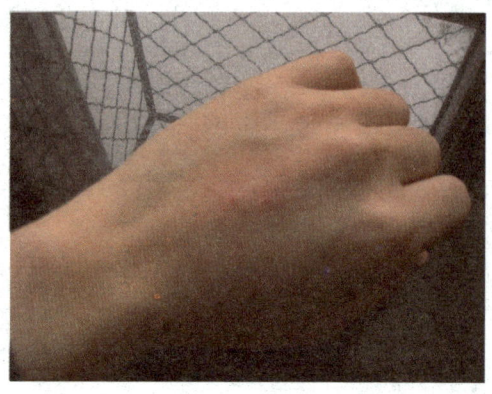
被宠物狗咬伤

如果被宠物咬伤，除出现大量流血的情况外，首先应立即、就地、彻底冲洗伤口，然后再去医院救治。

② 错误的处理方法

被猫、狗咬伤后，伤口不做任何处理。有的不仅不冲洗伤口，反而涂上红药水包上纱布，这是非常错误的处理方法。

③ 家庭自行救助方法

（1）冲洗伤口要快。

一定要在最短的时间内清洗伤口上的狂犬病毒。

通常来说，被宠物咬伤后要用肥皂水清洗，因为肥皂带有碱性，杀菌作用特别好。冲洗方式是用肥皂水冲洗，或将肥皂直接涂在伤口上，然后用水冲洗。

（2）清洗要彻底。

在冲洗的时候，一定要尽量将伤口充分暴露在外面，并

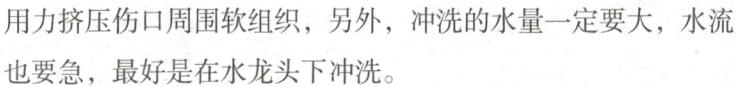

用力挤压伤口周围软组织，另外，冲洗的水量一定要大，水流也要急，最好是在水龙头下冲洗。

由于人对狂犬病毒没有自然的免疫力，在被咬伤之后，病毒会沿外周神经迅速侵入中枢神经系统，一旦侵入就会大量繁殖，进而侵犯整个中枢神经系统，在这种情况下，即使是注射疫苗也不会起到很大的作用。所以，冲洗伤口时，一定要将脏血挤出，而且尽量挤到最大限度，将危险程度降到最低。

（3）伤口不可包扎。

除非伤口特别大，需要止血才包扎，其他情况都不需要上药，也不需要包扎，因为狂犬病毒是厌氧的，如果没有氧气，狂犬病毒就会大量生长，伤口会更加严重。

（4）及时去医院。

伤口反复冲洗后，再去医院做进一步的救治处理，而且要在最短的时间内注射狂犬病疫苗。

4. 注射狂犬病疫苗需要注意的事项

（1）早注射比迟注射好，迟注射比不注射好。

被动物咬伤后应尽早注射狂犬病疫苗，越早越好。首次注射狂犬病疫苗的最佳时间是被咬伤后的48 h内。具体注射时间：分别于第0、3、7、14、30天各肌内注射1支狂犬病疫苗，"0"是指注射第一支的当天。一定要及时、尽早地注射狂犬病疫苗。

（2）注射狂犬病疫苗后要注意保健。

在注射疫苗期间，注意不要吃有刺激性的食物。另外，也不要进行一些剧烈性的运动，以免感冒。

第五章　家庭防盗抢、防诈骗妙招

一、家庭防盗有哪些注意事项

如果需要离家一段时间，最为重要的是不要让陌生人知道家里没有人。那么，应如何做呢？

暂停订报纸及牛奶的服务。

买些定时开关器装上，每晚定时亮灯等。

可考虑自行用螺丝钉封牢窗户和自制门锁，锁好门，拧螺丝钉进木框，挡住开窗手柄，这样就无法从外面打开窗户。

请邻居照看一下房子，代收信箱邮件、割草、扫落

电子防盗锁

叶……这样就让人感觉一直有人居住。

如果只是出门两三天,可以把车子放在门外并锁好,这样陌生人就会认为有人在家。如果出去时间过长的话,不应使用这样的方法,否则就会造成麻烦。

为了防止住宅盗窃案的一再发生,很多城市公安机关除了向市民提供防盗知识外,更推广"家户联防计划",这样可以鼓励居民携手,共同打击坏人。在必要的时候,还要向警方举报。为了加强防盗工作,警方还建议在贵重物品上留下擦不掉的记号,如代号、门牌、身份证号码……记号可用雕刻工具刻上或用隐显墨水写上。隐显墨水画的记号只在紫外线下才显现出来。这都对抓获窃贼有用。

二、发现家中有贼怎么办

晚上10点许,无业游民朱某出来闲逛,因身无分文,一路上他一直在寻机作案。晚上11点30分左右,他随意推了一下临街的一家房门,发现大门没上锁,就溜进去了。这户楼房上下两层,里面一片漆黑。凭想象,他认为贵重东西就放在二楼。

二楼其中一间房透着灯光,里面住着小姐弟俩。朱某透过窗一看是两小孩,便顺手提起一根铁棍,随后踢开门,径直走到床边,抡起铁棍朝15岁的女孩小娣头部猛击,13岁的弟弟小江则大声呼救。趁他扑向弟弟时,姐姐也呼喊着跑下楼。朱某在追赶时摔了一跤,女孩赶忙躲在衣柜拐角处,弟弟跑了出去并让邻居报警。朱某正准备翻找东西时,民警赶来将其抓获。

小娣姐弟俩可谓有惊无险,其实,在家发现盗贼入室时,正确的做法应该是这样的。

遇到盗贼入室,千万不要慌张,而是要保持冷静。如果在卧室,而且确定卧室门已经被反锁的话,一定不要出声,如果身边正好有电话的话,可以拨打

夜间谨防小偷入室

110,如果没有电话的话,可以偷偷地把窗户打开,把一些容易发出声响的物品扔出窗外,这样可以用响声吓跑盗贼。如果在卧室,但卧室门没有关或者没有反锁,需要把自己藏起来,这样才能保证自身安全,在小偷走了之后再报警。

在无法与盗贼武力抗衡的时候,千万不可与盗贼正面交锋,要机智灵活,随机应变,在生命和财产无法同时保全的时候,应当舍弃财产,保住生命。

无论采取何种保护措施,家中有无财产损失,事后都应迅速报警,这样不仅能为警方提供有利线索,而且也能使警方在最短的时间内抓获罪犯。

三、家庭遭遇盗贼时应该怎样正确报警

随着社会的发展，人们的生活水平不断提高，这也为一些盗贼及不法分子提供了相对的作案空间。当发现盗贼或不法分子正在犯罪时，如何有效地进行报警以确保自身安全，已成为人们十分关心的问题。

① 夜间利用光亮报警

光亮是所有犯罪分子最忌讳的，他们大多选择在夜间作案，即使在白天作案，有些抢劫犯惯用黑布蒙住面部隐蔽自己。如果遇到夜间抢劫，被害人惊醒后应迅速拉亮电灯，一方面可借光亮看清抢劫犯的面目，认识他的特征；另一方面在漆黑的夜里突然亮起了灯，吸引别人注意的效果要比白天强上几倍，如果这时正遇上行人路过或联防队员巡逻，会立即引起他们的警觉。光亮出现的同时，双方搏斗的身影通过光亮的照射会在窗户上映出来，联防队员见此情景，可立即采取解救措施。反之，如果被害人不敢拉亮灯，即使发出的呼救声被行人听到，在黑夜里，人们也无法及时辨明这声音究竟是从哪个房间发出的，待辨明弄清后，可能为时已晚。

② 利用打碎物体发出的响声报警

打碎物体的目的也在于引起行人的注意，并使其清楚地感受到这一家庭正在遭受不法分子的侵害。被害人还可采用推倒柜子、打碎花瓶、将物体砸向玻璃窗等方法发出声音，这种巨大的声音不但会引起更多的行人注意，而且还会惊动楼上楼下、前后左右的住户，邻居大多会开门查看，探究"噪声的发源地"，解救被害家庭。

③ 利用报警器和电话报警

如果家庭内安装有报警器，应寻找机会按响报警器，报警器所发出的声音是具有特定含义的，它通知人们，这一家庭正遭受犯罪分子的侵害，需要你去解救，捉拿犯罪分子。如果报警器的另一端直接连向楼群保安值班室，那就更有利于救援工作的进行。如果被害家庭装有电话，被害人应设法通过电话将险情通知出去。这时语言要简要明确，因为犯罪分子容不得你啰唆。

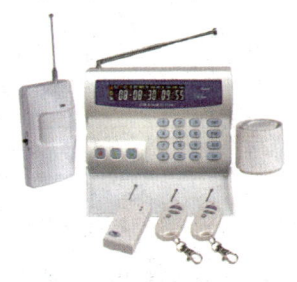

无线防盗报警器

采取各种方法报警时，都会涉及一个共同的问题，那就是应尽可能地引起外人的注意，提高报警的效果。如果一次报警失败，犯罪分子就会从严控制你。怎样才能引起外人的注意力呢？采取报警方法前应先观察外界情况，即此时有无行人路过，外面有无说话声、车声，是否有人在隔壁的房间里走动，有无外人来敲自己的家门等。当外界的条件具备，能接受自己的报警声后，就应马上采取报警行动。这一点必须引起注意。

第五章 家庭防盗抢、防诈骗妙招

四、如何面对手机短信诈骗

随着通信技术的不断发展,很多不法分子每天都会向外地手机发送自己编造的中奖短信。有些人警惕心比较低,将其信以为真,当受害人真的把邮寄费付给对方以后,拿到钱的不法分子就会销声匿迹。因此,千万不能相信这样的中奖信息,否则就会被骗。那些诈骗短信往往有以下特征:

1. 跨区域的流动性

从事此类活动绝大部分使用异地手机号码,而且发送短信、开设银行账户和取款往往不在同一个地域实施,而是在多个地域实施,区域分布十分广泛。

手机短信诈骗

2. 隐蔽性很强

发送手机违法短信的往往为团伙作案,团伙内部有严密的分工,各负其责。有的负责发短信,有的负责开设银行账

号,有的负责购买手机号、手机,有的负责从自动取款机上提款,在拿到钱之后就会销声匿迹,隐蔽性非常强。

3. 具有快捷性、破坏性

因为发送违法短信的数量巨大,现在使用短信群发软件和群发器的作案者越来越多。所以,在很短的时间内,他们就可以发出大量短信,危害性也非常大。

4. 欺骗性很强

手机短信的内容让人无法抗拒,越来越具有诱惑力。甚至一些不法分子会冒充金融部门或者是公安机关进行诈骗,有很强的欺骗性。

5. 不易识别性

有的异地手机和本地的一号通号码捆绑起来,所以,很多人以为是固定电话,这样就放松了警惕,消除了怀疑,最终上当受骗。

最近,短信骗局越来越猖狂,而且这种骗局越来越高明,犯罪分子很难被抓获。所以,大家一定要提高警惕,千万不能轻信,否则就可能掉入对方的圈套中。短信骗局主要利用人们贪便宜和发横财的心理,设计出一套骗局,如买便宜货、领取奖品、开发票、办假证、出书、撰写学术论文、出国留学、名校招生、代考、职业介绍……轻信的人必然会上当受骗。那么,如何防范短信诈骗呢?

通过号码识别真假。到目前为止,中国联通公司和中国

移动公司向客户发送的短信,内容都限制在话费通知、开通业务告知、公司组织活动告知……其短信平台并没有发送商业性宣传信息或者对外承揽广告业务。如果收到类似宣传或者是广告业务的短信,都是虚假的。

通过内容识别。从内容上看,诈骗手机短信主要分为两类。一类谎称自己的手里有"走私汽车、手机等物品",想要低价转让,有意向者可以汇款邮购;另一类则是以"公司周年庆典大抽奖"等名义,告诉机主"中了大奖"。这都属于手机诈骗短信。

五、网络购物的骗局怎样识破

现在,很多人都不想出去逛街,所以就上网购物,不仅选择种类多,而且方便快捷。由于网上诈骗犯罪活动有很强的隐蔽性,受害者难以挽回自己的损失,因此,很多不法分子就是用网上购物的方式来进行诈骗。

① 以超低价为诱饵欺骗消费者

消费者进入到虚假购物网站之后,会发现上面的商品十分齐全,而且价格十分便宜,甚至会比市价便宜一半。

② 谎称多发货要求补钱

这类骗术通常以一个低价格吸引买家的注意,然后谎称只能批量销售,不能零售。卖家提供虚假的发货信息,然后立即通知买家自己的货发多了,要求买家补相应的钱。

③ 以假乱真

卖家以次充好、以假乱真，商品的价钱却不变。网购专家介绍，常见的以次充好的商品有水货、仿货，以及"海关罚没商品"……有的商家甚至空手套白狼，收到汇款后不发货。

这种骗局不容易识破，特别是网络购物新手更要注意。如果不想被骗，那就要分析店铺信用记录，到有较高信用评价的卖家处购买，这样可以避免很多麻烦。

网络购物设计图

④ 低价产品子虚乌有

浏览购物网站时，会发现很多引发购物者购物冲动的字眼儿，如"超值""惊喜"……然而这些低价产品根本不存在，只是为了吸引消费者而打出的幌子。所以，在购物的时候一定要问清楚，然后再购买。

⑤ 付钱容易退钱难

当购物者将钱款汇给商家，并收到商品时，有可能会发现那个产品并不是自己相中的款式，或者质量有问题，而且没有"质量三包"，没有发票。当购物者要求商家换货时，

第五章 家庭防盗抢、防诈骗妙招

对方可能会找出许多理由来搪塞。当购物者要求退货时，更是困难。

当然，想要避免这种情况的发生也是有办法的，那就是先付订金，货到后再把剩余的钱款补上。如果允许货到付款，尽量货到付款。这是万全之策。

无论如何，网上购物总是存在风险的，在购物的时候不要盲目下单，要记得索要发票。另外，想要杜绝网络购物中存在的陷阱，在网上购物前，最好认真核实网站是否具有通信管理部门核发的经营许可证书，可向网站涉及区域的通信管理部门查询，尽可能选择一些大型知名网站购物。同时要妥善保存相关的购物单据，核对货品是否是自己购买的商品，有无质量保证书，保修凭证……

网上下单须谨慎

83

第六章　家庭意外事故自救技巧

一、异物入鼻、耳应该怎么办

1. 异物入鼻的急救方法

小孩在玩耍的时候有时候会把一些物品塞入鼻腔内，或因呕吐、打喷嚏等将食物呛入鼻内，导致鼻腔异物。那么，异物入鼻怎么办呢？

在取鼻腔异物前，首先询问患者将何种东西塞入鼻孔，然后让患者坐在椅子上或大人腿上，头部后仰，检查者用手电照射患者鼻孔，观察异物的大小、形状、位置，两侧鼻孔都要查看，以免遗漏。同时要告诉患者用嘴呼吸，不要用鼻子呼吸，以免将异物吸入气管。

如果鼻腔内异物较小，位置不深，可通过擤鼻动作将异物擤出。擤鼻前，大人要对患者详细交代擤鼻的方法，并给患者做示范动作，使患者正确掌握擤鼻的要领。擤鼻的要领为：大人先用一个手指将患者无异物一侧的鼻孔堵住，使其不漏气，然后让患者用口深吸气后，做擤鼻动作，让气流将异物冲出鼻腔。或是捻一个小纸条，刺激鼻腔黏膜，也可让患者嗅

第六章 家庭意外事故自救技巧

胡椒粉，以诱发打喷嚏，有时也能将异物排出。

 异物入耳的急救方法

进入耳道的异物，常见的有小昆虫、豆粒、砂土、水……如果不及时处理，很可能会引起身体不适，或者是疼痛难忍，最终会损伤鼓膜。那么，异物入耳怎么办呢？

如果虫子在左耳，就用右手紧按右耳；如果虫子在右耳，就用左手按左耳，这样可以把虫子给倒出来。

一般小虫均有趋光性，可以用手电筒照射耳内，把虫子引出来。也可以将烟雾徐徐吹入耳内，熏出虫子。

如果上面的方法都起不到作用，可向患耳内滴几滴刺激性小的油或白酒，将小虫淹死或使之逃出。

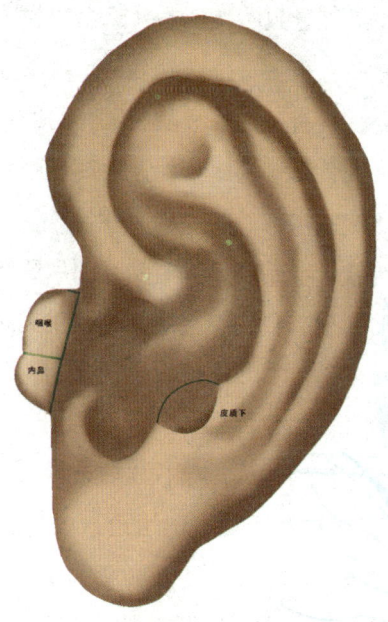

耳内结构图

85

异物入耳后可将患耳向下，用手轻轻拍击耳郭，使其掉出。如果是铁屑等异物，可试用细条形磁铁伸入耳道内将其吸出。如果豆粒等植物性异物，可用酒精或白酒滴耳，使异物缩小，这样可以把异物取出来，千万不要滴药液，以免异物受湿发胀，增加取出的难度。

如果是水进入外耳道，可将进水一侧的耳朵朝向地面，同侧脚单腿跳跃几下，水便会流出；或者用消毒棉签把水吸干。

如无法自行取出耳内异物，应及时请医生处理。

二、吃东西噎住怎么办

有些人在吃东西的时候总是狼吞虎咽，甚至在吃饭的时候还说笑打闹，最终导致噎住。为什么会噎住呢？原来吃下的食物经过咀嚼以后，被舌头推送到咽部。这里连接着口腔、鼻腔、喉腔和食管，只有把通往鼻腔和喉腔的通道大门关上，食物才能顺利地进入食管。那么如何让通往鼻腔和喉腔的通道大门关上呢？在我们的喉部有一块会厌软骨，就像一扇门，在往下咽的时候这块软骨会抬高，同时咽喉的后壁向前突出，这样就关上了鼻咽的通道，食物不会吃到鼻腔里去。

众所周知，如果无意中把食物吞进了气管中，那是非常难受的。平时呼吸的时候，会厌软骨在这个位置，喉咙通畅，在往下咽东西的时候，声带往里收，喉头升高，往前紧贴住会厌软骨，这就封住了咽喉的通道，食物就不会进入气管了。如果在吃东西的时候说笑不止，会厌软骨来不及盖住喉咙的入口，就可能有饭粒吞进气管，引起人剧烈咳嗽。所以说如

第六章 家庭意外事故自救技巧

果噎住了，可以拍拍后背或者是跳一下，这样就能震下去。但是，被食物噎住是非常危险的，必须抓紧时间处理。

如果噎住了但还能说话，说明食物在食管里，只要喝点水就可以。噎住不同的食物要有不同的处理方法，如果是糯米团这类黏性大的东西，水会堵住余下的空隙，加重窒息；如果是花生豆这类的干果卡住了喉咙，也不应该喝水，由于喝水会让干果不断膨胀，使其在喉咙中卡得更严实；如果食物已进入气管，就面临着更严重的问题，此时需要求助医生，否则可能危害生命安全。

一般被噎住了喝点水就可以

那么，如何帮助那些被食物噎住的人呢？其中，最为简单的急救方法是：在人的两肺下端残留着一部分气体，如果突然挤压一下腹部，增大了腹内压力，会抬高膈肌，推挤胸腔，肺内残留气体的压力迅速加大，形成一股强气流，顺着气管冲向喉头，把阻塞住气管的食物挤出去。这种方法是经过科学证明的，非常有效。

当患者突然发生呼吸道异物导致窒息的时候，应立即使其弯腰前倾，救助者立于患者背后，两手合拢抱住患者，其中一手握拳，在患者上腹部用力猛地向上提，借助肺内残留气体被挤出时产生的推力和患者上半部躯体倒悬时产生的对异物的重力，将气管内或卡在会咽部位的异物推出。但是次数不宜过多，否则可能伤及肋骨。

其实，在噎住的时候，一个人也可以进行自救。具体的方法是：站直了，抬起下巴，使气管变直。把心窝挤靠在东西上，可以是椅子背的顶端，或者是桌子的边缘，然后对着胸腔上方突然猛捶，噎住的食物就能咳出来了。

如果上面的方法不能奏效，那么抓紧时间去就医，否则很难保证没有问题。

三、鱼刺卡喉咙怎么办

有的人在进食时不小心被鱼刺、鸡骨、鸭骨、竹签、钉子、针等异物卡刺在咽喉部，常常由于使用去除骨刺的方法不对，损伤咽喉的黏膜或使骨卡得更深，相继发生红肿、发炎、发热、疼痛、吞咽困难、出血等不良现象。如果引起炎

第六章 家庭意外事故自救技巧

症，说不定要长期求医。

吃鱼要小心鱼刺

① 被鱼刺卡喉咙常见的错误处理方式

用喝醋的方法软化鱼刺，其实这种方法并不能取得好的效果。因为喝下去的醋与鱼刺接触的时间极短，根本来不及软化鱼刺。而且醋的酸度可能刺激并灼伤食管的黏膜，使受伤的部位扩大和加深。

用吞米饭、馒头等食物的方法将鱼刺硬咽下去，这样有可能鱼刺会把食管给穿破了，后果不堪设想。

自己千万不要用镊子、筷子之类的东西伸进咽喉乱翻弄。一般人对咽喉的生理构造并不是很熟悉，所以会使刺扎得更深，损伤咽喉。

② 鱼刺卡喉咙时的处理方法

较小的鱼刺，有时随着吞咽，自然就可滑下去了。

如果感觉刺痛，可用手电筒照亮口咽部，用小勺将舌头压低。仔细检查咽喉部，主要是咽喉的入口两边，因为这是鱼刺最容易卡住的地方。

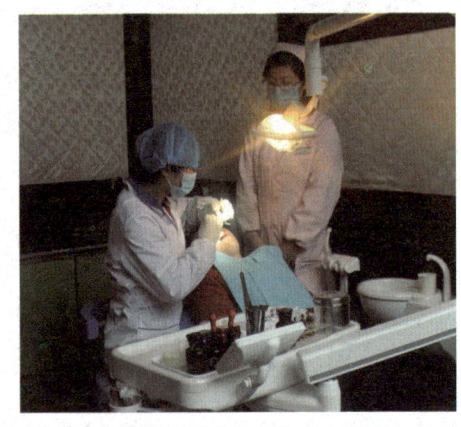

鱼刺卡喉时要找专业人士处理

如果发现刺不大，扎得不深，可请他人帮忙，用长镊子夹出。

如果是较大的或扎得较深的鱼刺，无论怎样做吞咽动作，疼痛依然不减，喉咙的入口两边及四周如果均不见鱼刺，就应该去医院治疗。

有时鱼刺已掉，但还遗留有刺的感觉。此时，还需要观察一段时间，如果还是感觉不舒服，那就去医院诊治，挂耳鼻喉科。喉科医生有喉镜，看后能准确得知刺的位置，只要配合医生，很快就能把鱼刺取出来。

四、煤气中毒后如何急救

现在家家户户几乎都在使用煤气，不过有很多人只顾着享受煤气的方便之处，却不怎么去考虑如何安全使用煤气的问

第六章 家庭意外事故自救技巧

题。诚然,煤气是一种洁净的能源,为我们的居家生活提供了很多的便利,但如果使用煤气时不小心,导致煤气泄漏,那就会严重威胁人身安全。

 常见的煤气中毒原因

在密闭居室中使用煤炉取暖、做饭,由于通风不良,供氧不充分,可能导致大量一氧化碳积蓄在室内。

煤气灶

城区居民使用管道煤气,其一氧化碳含量为25%～30%。如果管道漏气、开关不紧,灶具孔眼被积碳、污垢堵塞致燃烧不充分,或烧煮中火焰被熄灭后,煤气大量溢出,均可能造成中毒。

使用燃气热水器,通风不良,洗浴时间过长,可能引起一氧化碳中毒。

冬季在车库内发动汽车或开动车内空调后在车内睡眠,也可能引起一氧化碳中毒。因为汽车尾气中含一氧化碳4%~8%。

其他如矿井下爆破产生的炮烟,化肥厂使用煤气为原料,设备故障、管道漏气等均可能造成一氧化碳中毒。

2. 煤气中毒的表现

一氧化碳中毒症状表现在以下几个方面:

一是轻度中毒。患者可出现头痛、头晕、失眠、视物模糊、耳鸣、恶心、呕吐、全身乏力、心动过速、短暂昏厥,血中碳氧血红蛋白含量10%~20%。脱离环境可迅速消除。

煤气泄漏报警器

第六章
家庭意外事故自救技巧

二是中度中毒。除上述症状加重外，口唇、指甲、皮肤黏膜出现樱桃红色，多汗，血压先升高后降低，心率加速，心律失常，烦躁，一时性感觉和运动分离（即尚有思维，但不能行动）症状继续加重，可出现嗜睡、昏迷，血中碳氧血红蛋白含量30%～40%。经过及时抢救，可较快清醒，一般无并发症和后遗症。

三是重度中毒。患者迅速进入昏迷状态。初期四肢肌张力增加，或有阵发性强直性痉挛；晚期肌张力显著降低，患者面色苍白，血压下降，瞳孔散大，最后因呼吸麻痹而死亡。经抢救存活者可能有严重并发症及后遗症。

一氧化碳中毒的后遗症：中、重度中毒患者有神经衰弱、帕金森病、偏瘫、偏盲、失语、吞咽困难、智力障碍等。部分患者可发生继发性脑病。

3 煤气中毒的急救措施

立即打开门窗，流通空气，同时尽快离开中毒环境。

有自主呼吸的充分给以氧气吸入，对于昏迷不醒的患者可将其头部偏向一侧，以防呕吐物误吸入气管导致窒息。

呼吸心跳停止的立即进行人工呼吸和心脏按压。

呼叫120急救中心电话。

争取尽早进行高压氧舱治疗，减少后遗症。注意：一氧化碳中毒患者均应去医院进行高压氧舱治疗，以防迟发性脑病的发生。

五、怎样应对开水烫伤

烫伤是生活中常见的意外伤害之一。常见的有热油、热汤、开水等导致不同程度的烫伤。

 烫伤的主要症状

如果是皮肤表层受到损伤，受伤的皮肤会出现红肿，并

热水尽量不要让儿童碰到

有疼痛、灼烧的感觉。

如果皮肤损害到真皮浅层,则会出现水疱,水疱呈饱满状、剧痛。

如果损害到真皮深层,水疱会很小并呈扁平状。

如果皮下脂肪、肌肉受损,皮肤则呈焦黑状,且没有疼痛感。

烧伤面积大时,会出现剧烈疼痛,还会有大量血浆渗出,出现血压下降、休克等危险症状。

② 烫伤的救护方法

一旦发生烫伤,应用剪刀立即剪开衣服并马上脱掉,以

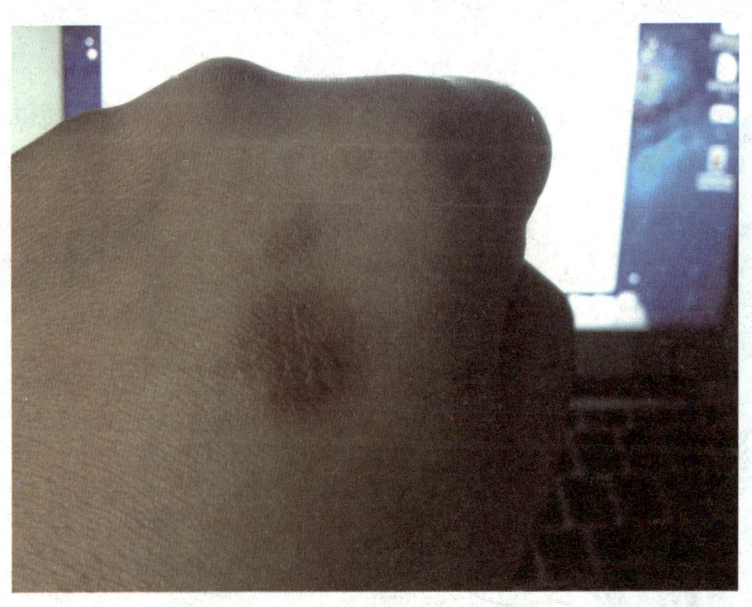

轻微的烫伤

加快热量的散发，并马上用凉水冲洗或浸泡烫伤部位半个小时以上，水温在20 ℃左右即可，这是现场最有效的烫伤急救方法。

用干净的毛巾遮盖住创面，送往医院做进一步治疗。

不要单纯大量地饮用白开水，可以适量饮用一些含盐的饮料或盐开水等。

不要在烫伤创面上抹牙膏、香油之类的东西，以免导致感染，给进一步治疗、用药增加难度。

对有水疱的创面，不要随意揭破。

六、怎样应对烧伤

在日常生活中，常会发生被火焰等烧伤的情况。要预防烧伤的发生，应注意以下几点：

一是单元房，特别是高层公寓厨房必须装有烟雾警报器，再安装自动喷水灭火系统，警报器应每月检查，每年更换新电池。

二是平时应安排好发生火灾事故时的紧急出逃路线，贴于房内明显处，并有意识地与家人或同房间工作人员演练。

三是加强安全用电宣传，不要乱拉电线，使用电器不要超过电路负荷。特别要注意不要玩弄电器、电线、插头、插座等。

四是炒菜、煎炸食品时，不要在周围玩耍、嬉闹。

五是如果小朋友想自己尝试做饭，一定要在大人的指导与监督下进行。

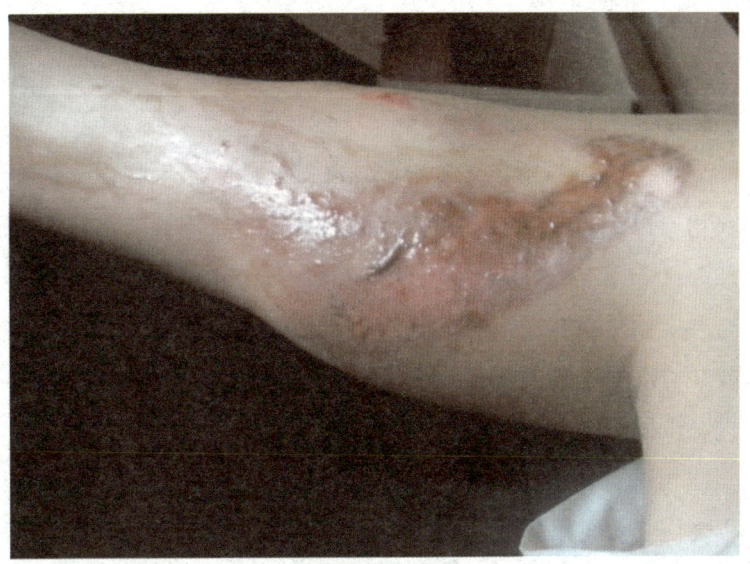

Ⅱ度烧伤的处理

六是不抽烟,不玩火。

七是正确使用家用电器。

八是使用蚊香的时候要正确点火和安放。

当不小心被烧伤后,首先要看伤口的深浅和面积,这样就可以判断烧伤的严重程度。烧伤按严重程度可分为:

第一度(Ⅰ度):红斑性,即皮肤发红,只损害皮肤的表皮层,3~5天自愈;

第二度(Ⅱ度):水疱性,即皮肤发生水疱,感到火辣辣的痛。皮肤的真皮浅层已受到损伤;

第三度(Ⅲ度):坏死性,即皮肤伤裂脱落,受到严重损害。

当然,应根据不同程度的烧伤程度进行相应的处理。遇到烧伤时要学会坚强,不要惊慌失措,更不要自己乱用药

物。烧伤后热力已经烧坏皮肤,而侵入人体的热量将继续向深层浸透,造成深层组织的迟发性损害。所以,大家一定要学习一些紧急处理烧伤的措施。

首先,应尽快脱去着火或沸液侵蚀的衣物,特别是化纤衣物,以免着火衣服和衣服上的热液继续作用,使伤口加大加深。

其次,如果是轻微烧伤,可以用缓慢流动的冷水冲洗,或在冷水中浸泡10 min以上。这样做可以带走局部热量,减少进一步损伤。

再次,用消毒纱布包扎伤口,但不能包得太紧。如果严重烧伤或大面积烧伤,不能撕下患处的衣服或破片,要用干净的衣物包住患处,然后去医院救治。

最后,只有Ⅰ度和轻的Ⅱ度烧伤,才可用水冲淋或是浸泡在冷水中。如果烧伤程度比较高的话,千万不能使用这种方法。

七、怎样应对食物中毒

食物中毒是由于食用被细菌及毒素污染的食物,或食用含有毒素的动植物如毒蕈、河豚等引起的急性中毒性疾病。主要污染源是变质食品、受污染的水,而主要的传播途径是不洗手、餐具和带菌苍蝇。

食物中毒的潜伏期比较短,可集体发病,表现为起病急骤,伴有腹痛、腹泻、呕吐等急性胃肠炎症状,严重吐泻可引起脱水、酸中毒和休克。治疗食物中毒的主要措施是对症治疗，重症可用抗生素。

食物中毒按病原物质分类，可分为细菌性食物中毒、真菌性食物中毒、动物性食物中毒、植物性食物中毒、化学性食物中毒等。细菌性食物中毒是指人们摄入含有细菌或细菌毒素的食品而引起的食物中毒；真菌性食物中毒，是指人们摄入含有真菌在生长繁殖过程中产生有毒代谢产物的食品而引起的食物中毒；动物性食物中毒，是指食入动物性有毒食品引起的食物中毒；植物性食物中毒，最常见的为菜豆中毒、毒蘑菇中毒、木薯中毒等；化学性食物中毒，是指食入化学性有毒食品引起的食物中毒。

夏季是食物中毒的高发期。如果有人出现上吐下泻、腹痛等情况，很有可能是食物中毒，此时必须保持冷静，不能惊慌失措，认真分析病因。针对引起中毒的食物以及吃下去的时间长短，及时采取以下措施。

过期变质的食物

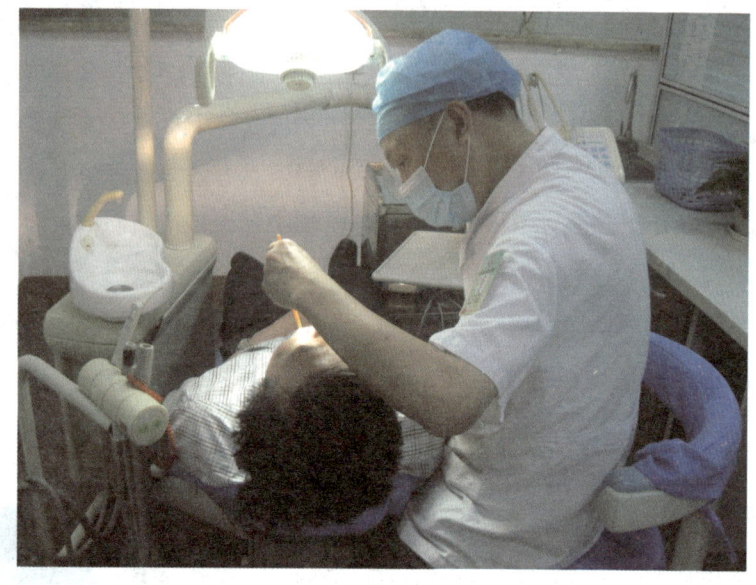

口腔检查

1. 催吐

即使中毒后还没有出现呕吐,也要想办法来催吐,如用手指、筷子等刺激其舌根部,或者是让中毒者大量饮用温开水并反复自行催吐,这样就可以减少毒素的吸收。在呕吐完之后,可适量饮用牛奶以保护胃黏膜。如果在呕吐物中发现了血性液体,则表明可能出现了消化道或咽部出血,此时一定要停止催吐,赶快送医院治疗。

2. 导泻

如果食用有毒食物的时间较长,而且患者精神较好,可服用泻药,促使有毒食物排出体外。例如,用大黄、番泻叶煎服或用开水冲服可以达到导泻的目的。

第六章 家庭意外事故自救技巧

③ 保留食物样本

在发生食物中毒后，要保存好导致中毒的食物样本，这样可以为医院诊断和治疗提供依据。如果没有食物样本，可以保留患者的呕吐物和排泄物。

④ 送医院

出现脱水症状，一定要将中毒患者送往医院救治。脱水症状通常有皮肤起皱、心率加快……

在治疗过程中，要给患者以良好的护理，尽量使其安静，避免精神紧张，注意休息，防止受凉，同时补充足量的淡盐开水。

控制食物中毒的关键在于预防，搞好饮食卫生，防止"病从口入"。

八、怎样应对毒蛇咬伤

世界已知毒蛇有600余种。分布在我国的毒蛇目前已知有47种。但对人体危害较大、经常造成伤害的毒蛇主要有10种，如：眼镜王蛇、银环蛇、金环蛇等。蛇毒可分为神经毒素、细胞毒素、血液循环毒素等。

生活中常常会遇到被毒蛇咬伤的例子，咬伤后第一时间的处理非常重要，有可能关系到生命安危。由于被毒蛇咬伤通常很突然，人们在慌乱中易使用一些错误的处理方法从而延误治疗，甚至导致更严重的后果。

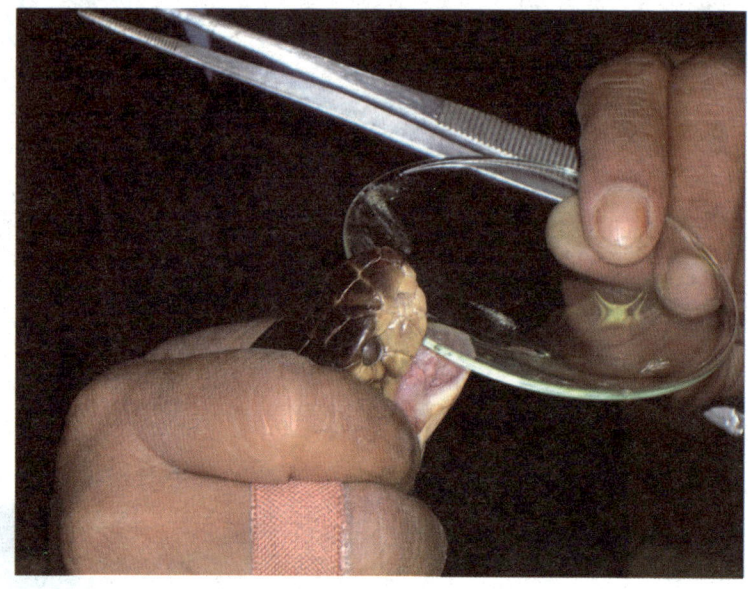

毒蛇毒液

① 被毒蛇咬伤常见的错误处理方式

有些人被毒蛇咬伤后非常恐慌，急忙跑往医院。

在被毒蛇咬伤后立即切除被咬伤部位或肢体，严重损伤肢体、血管和神经。

用强酸或强碱处理伤口，造成不必要的组织坏死。

有些人往往只顾着处理伤口或马上去医院，将毒蛇打死丢弃。

② 被毒蛇咬伤后的正确急救措施

被毒蛇咬伤，首先要坐下，尽量减少运动，避免血液循环加速。

一般毒蛇咬伤在脚踝，应将膝盖屈起，压迫血管，减少血液流动。

用点燃的火柴灼烧伤口两三分钟，然后冲洗。

用纱布在距离伤口二三厘米处包扎，阻止血液向心脏流动。

口服有效的蛇药。

如有条件，最好在清洁的水中挤血，速度越快越好。

未带治疗蛇咬伤的药（一般都不带），可先用刀在伤口处画十字，试着挤血，如果情况特殊只有用嘴吸，应吸一口吐一口。

尽量拍下毒蛇的照片带去医院。

完成以上措施后由就近医院继续治疗。

3. 被毒蛇咬伤时一定要注意的细节

尽量辨认蛇的类型。如果确信是毒蛇咬伤，且咬伤时间在5 mim以内，并且医务人员要30 mim以上才能赶到，应切开伤口并挤出毒液。

轻轻地用肥皂和清水洗净伤口。

不要用力擦伤口，应用布轻拍，以使伤口干燥。

如果需移动伤者，应抬着他，而不要让他自己走动。

饮酒有助毒素扩散，被毒蛇咬伤后不宜喝酒。

被毒蛇咬伤时，如果没有看见蛇，应该注意排除蜈蚣、蝎子等咬伤的可能。被毒蛇咬到的伤口，局部常见到两个明显的毒牙痕，如果被连续咬到两次，可以见到4个牙痕，有时也会见到1～3个牙痕，并有局部及全身中毒的表现。如果是被没

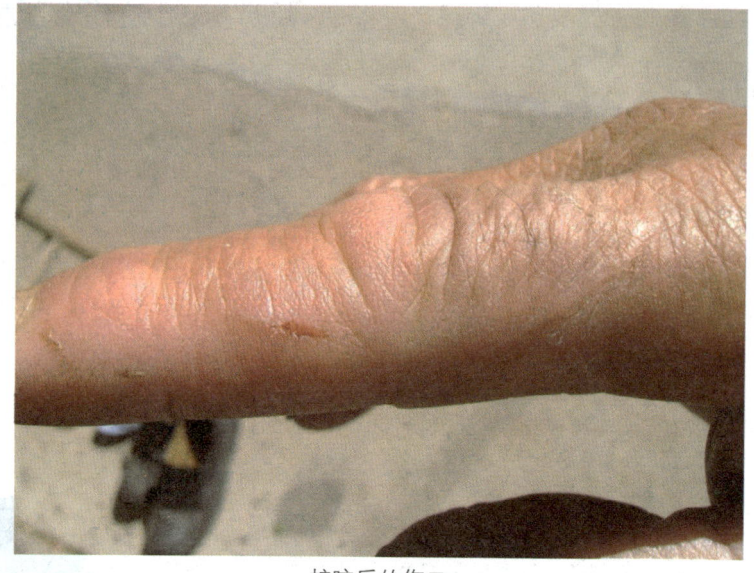

蛇咬后的伤口

有毒的蛇咬伤，伤口会有四行或两行锯齿状浅表而细小的牙痕，局部仅出现轻微的疼痛或有少许出血，但很快会自然消失，没有全身中毒的症状。

九、怎样正确处理各类伤口

正确处理伤口可使伤口加速愈合，避免局部感染、化脓和并发全身性疾病。

这里说的"伤口"是专指外伤。外伤可以是两种形式，即闭合性伤口和开放性伤口。闭合性伤口包括表面皮肤、黏膜没有破裂；而开放性伤口是表面皮肤、黏膜有破裂。如果仅是表面皮肤、黏膜破损，并且没有什么明显的症状的话，伤者不

第六章
家庭意外事故自救技巧

要太过担心。但是，也必须进行及时的处理，否则可能会导致严重情况。

众所周知，有很多疾病都是由微生物和毒物造成的。它们威胁着人体健康和生命安全。在人体的皮肤、黏膜完整时，它们是

碘酒消毒液

不能通过皮肤、黏膜侵入人体的。例如，麻风病病菌、艾滋病病毒、破伤风病毒都不可能超越正常的皮肤、黏膜屏障，即使是蛇毒对于完好的皮肤也发挥不了作用。

但是，如果人体的皮肤黏膜上有一个小小的伤口，上述那些危害人体健康、威胁生命安全的微生物就会进入体内。所以，当出现伤口的时候，一定要及时处理。

❶ 表浅擦裂伤，须防感染

对于皮肤表浅的切割伤和机械性摩擦伤来说，碘酒是最好的治疗方式。碘酒是一种十分有效的外用消毒药，它不会腐蚀伤口，对防治伤口化脓感染、真菌感染和病毒感染，都有很好的效果。

通常可先用凉开水或生理盐水来冲洗伤口局部，再涂上碘酒，或直接用碘酒涂抹伤口。然后用消毒敷料包扎伤口或暴露伤口，48 h内避免沾水。如果没有碘酒，也可以涂抹红汞或酒精。但红汞与碘酒不能同时使用，以免中毒。用其他的一些药品未必能很好地消毒。

② 伤口小又深，要敞开暴露

由尖而长的东西刺入人体组织所造成的伤口多数小而深。因为这种伤口深而外口较小，伤口内有坏死组织或血块充塞，所以最容易感染破伤风厌氧性芽孢杆菌。在这种缺氧的环境中，还会产生更多的毒素。

因此在出现小而又深的伤口时，除对伤口周围的皮肤用

高锰酸钾溶液可以清洗伤口

第六章 家庭意外事故自救技巧

碘酊进行消毒外，应用3%过氧化氢或1%高锰酸钾溶液对伤口进行反复冲洗或湿敷，并彻底清除伤口内的异物。

对于这种伤口不能缝合、包扎，应把伤口敞开，充分暴露，防止破伤风厌氧性芽孢杆菌生长繁殖。因此，治疗破伤风最为关键的就是正确处理伤口。

在伤后24 h内，皮下或肌内注射破伤风抗毒素是预防破伤风感染的重要补救措施。

有些伤口虽然不深但污染严重，若是被皮片覆盖，也应做好伤口的清理，不缝合、不包扎伤口。

对于那些污染较为严重的伤口或在受伤24 h以后才注射破伤风抗毒素的，则破伤风抗毒素需要用加倍的剂量。

预防破伤风的最可靠方法，是在平时注射破伤风类毒素，使人体产生抗体。

十、怎样处理休克

休克主要是由脑组织血液供应急剧减少导致的。车祸、严重工伤、大出血、剧烈疼痛、感染、过敏等均可引起休克。休克可造成死亡，发生休克时必须及时抢救。

① 休克的主要症状

全身无力、头昏眼花、面色苍白；焦虑、烦躁不安；恶心或呕吐、口干、出冷汗；呼吸短浅、脉搏急促而微弱；血压下降、四肢湿冷等。

② 休克的急救方法

尽量找出引起患者休克的原因：如由于体外或体内创口或溃疡造成的严重出血；大量呕吐或经久腹泻并发的脱水；严重的过敏反应；感染后的毒血症；心源性原因如心脏病发作等。应尽可能辨因施治。

安慰患者，并解开患者颈部、胸部及腰部的衣服，以免妨碍患者的呼吸和血液循环。

打电话叫救护车，在等待过程中，尽可能抬高患者的双腿，下面垫以叠起的外衣或软垫，使其血液流到脑部。

给患者盖上外衣或毯子保暖。

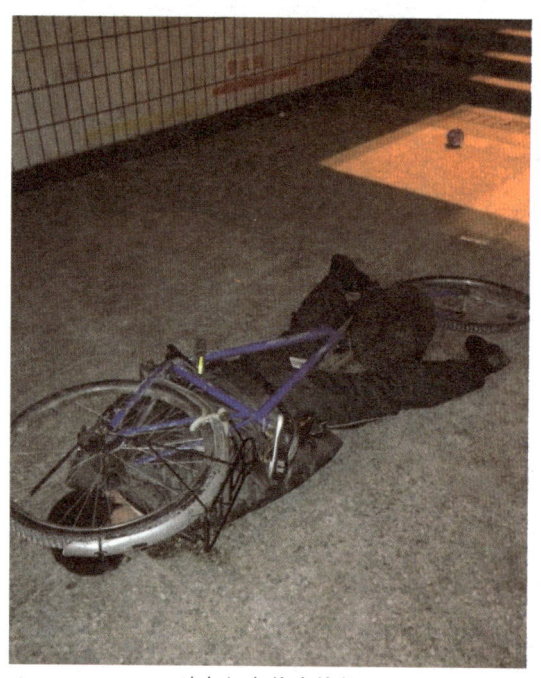

骑自行车休克摔倒

如患者口干,可给患者一点水润润嘴唇,但不要给患者进食,以免延误施行麻醉的时间。

若非必要,切勿搬动患者。

如患者呼吸困难,欲呕吐或不省人事,应将其身体恢复为基本卧姿。

如患者呼吸已停止,要立即进行人工呼吸。

十一、怎样处理昏厥

如果人的脑部血液供应暂时减少,就会导致昏厥。昏厥的发生常常是由于情绪性休克、疲劳、饥饿、湿热环境状况造成的,昏厥会对人体造成威胁,伴随着机体内一系列不正常的变化,如不进行及时有效的处理,往往会留下后遗症,甚至还会有生命危险。

① 昏厥的主要症状

面色苍白或青灰,伴有频频打哈欠;皮肤湿冷;面部、颈部和双手冒汗。

② 昏厥的急救方法

应让患者坐下,松开其颈部、腰部的衣物,并使其头部垂到膝上。

患者如已昏厥,应抬起患者双脚,使其高过头部,以加速患者脑部的血液循环。患者通常会很快苏醒,但须检查患者在跌倒时有无受伤。

如果跌倒时碰伤头部，可能引起颅骨骨折或脑震荡，必须速去医院救治。

患者完全清醒后，再给他进食。

若患者丧失意识持续1 min或更久，则应寻求医疗救助。

十二、怎样应对中暑

中暑，是由于在温度高、湿度大、风速小的环境里，人体内的热量不能及时散发，引起体温调节功能发生障碍而出现的一种病症。

对于轻度中暑，可以到阴凉处吹风，给患者头部擦清凉油并进行冷敷，或给患者喝些冰凉的盐水、菊花茶、绿豆汤等，还可以给患者服用藿香正气水或十滴水、人丹等解暑药，一般症状会有所改善。若中暑症状较重，除上述降温方法外，还可用冰块或冰棒敷其头部、腋下和大腿腹股沟处进行降温；或将患者置于空调室内降温（室温保持在22～25 ℃）；严重者应立即送医院救治。